JN072167

地球は生きている

地震と火山の科学

巽 好幸

角川文庫
24215

目次

第2章　地球を襲った大事件

第3章　現在の日本列島の姿

第4章　日本列島に起こった大事件

第5章　地震の話

第6章　火山の話

第7章　リサイクルする地球

プロローグ

以前に某ラジオ番組である人気アナウンサーの方と対談したことがあります。いったい地球の中はどのようになっているのか、それがテーマでした。

その時に彼曰く、「一般の人は地球の中にはドロドロに融けたマグマが詰まっていると思いこんでいますよ！」。なんとなく予想はしていたのですが、普通の人の代表選手のような彼に、ここまではっきりと言われたことで、ちょっとショック、軽い目眩のようなものを感じてしまいました。

決してそんなことはないのです。もしも、地下にマグマが一杯詰まっていようものなら、地表はもっと熱くて、きっと水も全部蒸発してしまっているでしょう。つまり海も川も存在しないと思います。もちろん、人類は存在しなかったでしょう。

そう、地球の中はほとんどが融点以下、つまり融けていない状態の固体です。ただ、固体と言っても流れている、ここがポイントです。固体が流れることこそが、地震や火山活動が活発な現在の地球を創り出した根本的な原因なのです。

地震や火山の活動は、私たちの地球が生きている証です。では、「生きている」って、具体的にはどういうことでしょう？　もちろん、動いていることであるのは間違いありませんが、そのエネルギー源はどこにあるのでしょう？

それは、地球の中心が、５０００度を超えるような高温の状態にあることなのです。私たちが暮らしている地表と、たった６４００キロ離れた所で５０００度もの温度差があります。こんな不均一な状態を自然が許しておくはずがありません。地球内部から表層へ向かって熱が運ばれて同じ温度になってしまおうとするはずです。火山から流れ出した灼熱の溶岩も、やがては冷めて固まってしまうのと同じです。

さてここで、中学校で習った「熱の伝わり方」を思い出して下さい。「輻射」「伝導」「対流」三つの伝わり方がありましたよね？　実は地球の中では、５０００度の温度差を解消するために、対流現象が起こっています。そしてこの対流こそが、地震や火山の活動、そればかりか地球が進化してきた大きな原因の一つなのです。

なぜ私がこんなことを知っているのか？　少しお話ししておきましょう。私は「マグマ学者」なのです。京都大学の卒業研究で、瀬戸内海に浮かぶ小豆島にある少し古い火山の研究を始めて以来、マグマが固まった溶岩の分析や実験を行ってきました。マグマって、地球の中が融けてできたもので、それが地表まで上がってくると火山になります。だから、マグマや火山の石を巧く調べてやると、地球の中にはどのような物質があって、どんなことが起こっているのかを知ることができるのです。「検便」をすると、体の中で起こっていることや病変を見つけることができるのと同じです。先のアナウンサーの方にこの話をしたら、「あ、先生は検便係なんだ！」と、妙に納得の様子でした。

もちろん検便だけでは、体の中のことは解りません。病院ではその他にもいろんな検査をして、これらの結果を総合的に判断して、お医者さんが診断して下さいます。地球も同じです。いろんな方法で調べられたことを、できるだけ巧く説明できるような「モデル」を作っていくのです。しかし、モデルを作ることが最終的な目標ではありません。そのモデルから予想されることを考えて、また地球とにらめっこします。うまく行かなければモデルを改良して行くのです。

この本では、このようにして地球、そして日本列島について解ってきたことを紹介していきたいと思っています。そして少しでも読者のみなさんに、地球はダイナミックに変動するものだ、ということが解って頂けたらいいな、と思っています。大地は動くものなのです。

第1章　現在の地球の姿

これから地球はどうなってゆくのでしょうか？

私たち「地球の生命体」にとっては、大いに関心のある問題です。でも普通は、このことを考えだすと夜も眠れなくなってしまう、ってことはないと思います。それはきっと、明日や近い将来も、地球は今日と同じ状態にあると、私たちが思い込んでいるからなのでしょう。

地球の、特に地球の中の話はとにかくタイムスケールが長いのです。地球のことを考えるときには、どうかこのことを意識しておいて下さいね。

私たち地球を調べている人間が「つい最近」と言った場合は、概(おおむ)ね１０００万年くらい前の出来事を指します。１０００万年なんて言うと、途方もなく遠い昔のように感じられるに違いありません。でも、46億歳と言われる地球の年齢を人間の一生に例えると、１０００万年は僅(わず)か２カ月になってしまうのです。ね、つい最近のことでしょう？

これからの地球を考えるには、まず現在の地球の姿を知っておかねばなりません。ここでは、現在の、といっても「ごく最近の」地球の様子を見て行くことにしましょう。

地震波で探る地球の中の様子

2010年6月13日。日本の小惑星探査機「はやぶさ」は、遥か3億キロも離れた小惑星「イトカワ」から、約1500個の微粒子を持ち帰るという離れ業をやってのけました。随分と遠くまで実際に調べることができるようになったものです。

では私たち人類は、地球の中へはどれくらいの深さまで到達しているのでしょう？映画の世界では、地球の中心「センター・オブ・ジ・アース」や「ザ・コア」にまで、既に人類は行ったことになっています。でもこれはフィクション。これまでに地球の中へ最も深く到達したのは、ロシアのコラ半島で行われた超深度掘削です。1970年に旧ソ連が国家の威信をかけて始めたこのプロジェクトでは、20年かけて1万2261メートルまで掘り進みました。とてつもない記録です。とは言っても、地球の中心までは6400キロもあるのですから、12キロなんてほんの僅か。地中への旅は、なかなか大変なのです。

では、実際には手の届かない地球の中は、どのようにして調べるのでしょうか？みなさんの中にも、病院でＣＴ検査のお世話になった方がいらっしゃると思います。ＣＴはコンピューター・トモグラフィー（computed tomography）のことで、トモグラフィーは断層撮影と訳されます。この方法では、Ｘ線をいろんな方向から体にあてて、その吸収率の違いで体の中の様子を見事に描き出すのです。

実は地球の中も、ＣＴと全く同じ原理で調べることができるのです。地震波トモグラフィーと呼ばれる方法で、Ｘ線の代わりに自然地震や人工地震で発生した波、地震波を使います。地震波を多くの観測点で受け取って、地球の中を地震波が伝わる速さを画像化します。地震波の伝わり方は物質の種類や性質などで変化するので、地震波トモグラフィーを使って地球の中の組成や温度などの違いを探ることができるのです。

このようにして調べ上げられた地球の中の様子を、簡単な輪切りの絵にしてみました（図１－１）。この図には、地震波が地球の中を伝わるときに、ある面を境に速さが急に変化したり、その面で地震波が反射したりする「不連続面」を示してあります。この不連続面を境にして層の性質が変わるのです。

地球の中には、まず二つの大きな不連続面があります。一つ目は地殻とマントルの境界、「モホ面」です。モホ面は、発見者であるモホロビチッチという地震学者の名前をとったものです。もう一つは約２９００キロの深さにある不連続面。これはマン

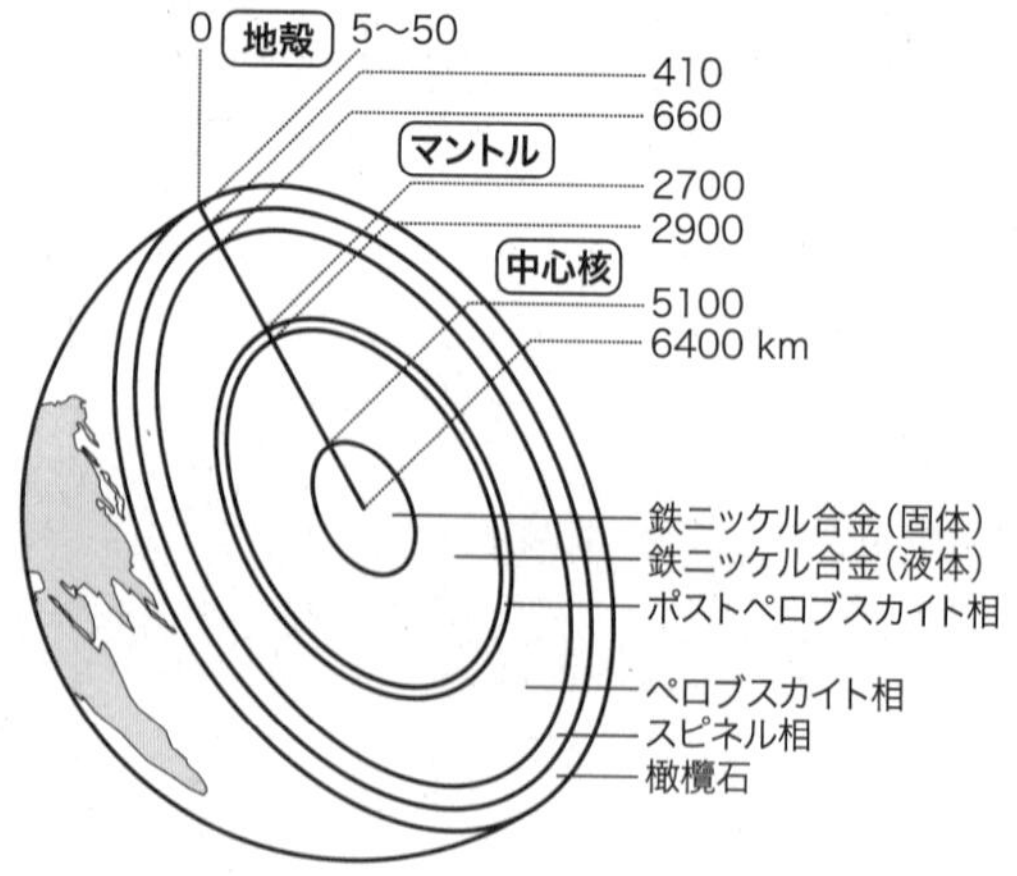

図1－1　地球内部の構造
地球の中にはバームクーヘンのようにいくつかの層があります。中心核は鉄合金、マントルや地殻は岩石でできています。核の外側の部分（外核）は液体ですが、その他は全て固体です。マントルは全体として橄欖岩という岩石でできていますが、深い所ほどコンパクトな構造を持った鉱物に変化するために、いくつかの層が重なったような構造をしています。

トルと中心核の境界にあたります。

マントルの中にも、いくつかの不連続面が見つかっています。深さ６６０キロにある不連続面は、上部マントルと下部マントルの境になっています。また上部マントルの中、深さ４１０キロにも不連続面の存在が知られています。さらにマントルの一番底の部分には、場所によって少しデコボコするのですが、厚さ２００キロほどの層、D"（ディ・ダブルプライム）層があります。

おおよそ３５００キロの厚さの核は、深さ５１００キロにある不連続面で、外核と内核に区分されます。外核には、震波の一種、S波が全く伝わらないという大きな特徴があります。地震が起こった時にまずガタガタと揺れを起こすのがP波（Primary wave：第一波）。少し遅れて伝わってきてユッサユッサと揺らすのがS波（Secondary wave：第二波）です。S波は物質がずれることによって伝わる波で、ずれが生じない液体中を伝わることができません。つまり、地球の中は大部分が固体ですが、外核だけは液体なのです。

地球の中には宝石がぎっしり詰まっている

次に、不連続面や地球の層構造ができる原因を考えてみましょう。そのためにはまず、地球全体の化学組成を知っておく必要があります。

実は地球の組成は、惑星仲間である「隕石」に頼って求めています。まるで、知己朋友です。隕石の多くは、火星と木星の間にある小惑星帯からやってきます。

太陽系の惑星は、「微惑星物質」が衝突と合体を繰り返して誕生しました。一方小惑星帯では木星の重力があまりにも大きくて、微惑星が合体して一つの惑星を作ることができませんでした。そのために、惑星になり損ねたかけらが散らばっています。つまり、代表的な隕石の組成は、地球全体の組成と同じと考えてよいのです。

ではまず、核を考えてみましょう。地震波の伝わり方などから、核の密度は岩石の密度の倍以上であることが解ります。従って核は岩石よりも重い金属でできていると考えられます。一方で隕石の中には鉄とニッケルの合金でできた「隕鉄」と呼ばれるものが見つかります。従って、地球の中心は鉄ニッケル合金でできていると考えて良さそうです。

これで、地球全体の組成と核の組成が解りました。じゃあ、これらの差をとれば、マントルの組成を求めることができます。厳密には、この中に地殻も含まれるのですが、マントルが地球の80%の体積を占めるのに対して、地殻は1%にも満たないので、ほとんど影響がありません。一方地殻の組成は、地表に露出する岩石の情報などから、比較的精密に求めることができます。

これらの情報を総合すると、地殻は「玄武岩」や「安山岩」と呼ばれる二酸化ケイ素成分が50~60%の岩石、マントルは二酸化ケイ素を約40%含む「橄欖岩（かんらん）」とよばれる岩石でできていることが解ります。地殻とマントルは岩石の種類、そして化学組成が違っていたのです。この違いが地震波の伝わる速さの違いとなって、モホ面が観測されるのです。

これで、地球の中に見られる基本的な3層構造、地殻、マントル、核の違いを説明することができました。

さてそれでは次に、マントルの中に三つの不連続面ができる原因をお話ししましょう。このことを調べるのに威力を発揮するのが、地球の中の温度や圧力を再現する「高温高圧実験」です。高圧を作り出す原理は簡単です。私の体を使って説明してみましょう。私の体重はおおよそ100キロです。ちょっとダイエットが必要です。足の大きさが29センチ、足の幅がおおよそ8センチですから、片足で立った時に発生する圧力は、0・4気圧になります。ここで仮に私が、かかとの直径5ミリのハイヒールを履いて、お隣の人の足をふんづけたとしましょう。この時にはなんと、先ほどの1000倍以上の500気圧もの圧力がかかっていることになります。そりゃあ、さぞかし痛いことでしょう。

そう、高い圧力を生み出すには、先端をできるだけ小さくして荷重をかければいいのです。もっとも、先端が壊れないようにいろんな工夫が必要です。例えば先端の材料としてタングステンカーバイドなどの超硬合金や、世の中で最も硬い物質であるダイヤモンドを使います。温度は、試料と一緒に入れ込んだ抵抗体に電気を流したり、レーザー光をあてたりして上げることができます。

実は高温高圧実験は日本のお家芸です。多くの「匠」たちが、全国の大学や研究所で、技をみがいています。私も大学院生の頃、毎日のように旋盤を使って実験材料の加工をしていました。外注するとお高いのです。しかも加工精度が良くないと実験は必ずと言っていいほど失敗してしまいます。悪戦苦闘していると先輩がふら～っとやってきて、惚れ惚れするような「技」を見せてくれるのです。こんな日本の伝統が、不連続面ができる原因を世界に先駆けて次々と明らかにしてきました。そしてついに２０１０年初めに、私たちのグループは、地球の中心への一番乗りを果たしました。圧力は３６４万気圧、温度は５５００度です。

これらの実験で解ってきたことを、図１－１を使って説明しましょう。マントルを作る岩石である橄欖岩は、主に橄欖石（宝石名：ペリドット）と呼ばれる緑色の鉱物からできています。橄欖はオリーブに似た、緑色（橄欖色）の実をつける柑橘系の木です。

さて、地球の中へ入って行きましょう。４１０キロの深さになると、橄欖石はその構造が「スピネル」という鉱物の構造に変化して「ウォズレアイト」や「リングウッダイト」という鉱物になります。鉱物は、圧力がかかると少しずつ小さくなることで耐えているのですが、それもやがて限界に達します。するとその時点で、姿（構造）を大きく変化させて、さらにコンパクトに変貌（へんぼう）するのです。スピネルは、英国王室王冠の真ん中で光輝く真紅の宝石です。

さらに深さ660キロに相当する圧力になると、今度は「ペロブスカイト構造」の「ブリッジマナイト」へと変化します。電気抵抗がゼロで強力な磁石の材料として期待される高温超伝導物質は、この構造を持つことが知られています。そして、深さ2700キロで、最終的に「ポストペロブスカイト」と呼ばれる構造に変化します。

つまり、マントルの中に見つかる不連続面は、岩石の組成が異なるためにできるのではなく、岩石を作る鉱物が、よりコンパクトな、密度の高い構造に変化することに原因があるのです。

それにしても、これらのマントルを構成する鉱物は、私たちが宝石と呼んだり、夢の物質として期待しているものばかりですね。豪勢なものでしょう？

地球の中はどれくらい熱いのか？

先に、地球が変動する根本的な原因は、地球の中心が5000度を超えるような高温であることだと言いました。では一体、地球の中の温度って、どうやって測るのでしょうか？　もちろん、マントルや核まで温度計を突っ込むことなどできるはずがありませんよね。

私たちは、地球は深くなると温度が上がることを知っています。例えば、地下から熱い温泉やドロドロに融けたマグマが噴き上げたりするからです。

もっとしっかりした数字を与えてくれるデータもあります。地下深部までボーリング（掘削）を行った時に、孔の中の温度を測定するのです。その結果、おおよそ100メートルあたり2度程度の温度上昇率です。これを地温勾配と呼びます。

この地温勾配を、地球の深い所まで延長してみましょう。すると、1000キロで2万度、マントルの底では5万8000度にもなってしまいます。しかし、この値はとても信じることはできません。こんな高温では、マントルを作っている橄欖岩は完全に融けてしまいます。ところが地球のマントルは、S波が伝わるしっかりした固体なのです。

地球内部の温度を推定するには、いろんな方法があります。この中で、いま最も確からしいと思われているのは、地震波の不連続面と鉱物の変化を用いた方法です。例えば、410キロ不連続面を考えてみましょう。これは、橄欖石がスピネル相に変化する深さに対応していると述べました。一方で高圧実験の結果をもう少し詳しく見ると、この反応が起こる深さは温度によって僅かですが変化します。つまり、きっちりと410キロで鉱物の変化が起こるとすると、橄欖石がスピネル相に変化する境界線を使って、温度を決めることができるのです。こうして求めた深さ410キロの温度は1490度です。同じように、深さ660キロ、2700キロの地点での温度は、1610度と2330度です。これらの値を図1－2に落としてみました。だいたい滑らかな線上に乗っています。

さて次は核の温度です。核は鉄とニッケルの合金でできていますが、80％以上は鉄が占めるので、温度を調べる時には鉄だけを考えて問題ありません。そして、外核はS波が伝わらない液体（溶融状態）であることも解っています。そうすると、5100キロにある内核と外核の境界の温度は、この深さでの鉄の融点、つまり液体と固体の境の温度であるはずです。また、外核の一番外側、つまりマントルとの境界の温度は、深さ2900キロにおける鉄の融点以上であるはずです。こんな深さでの鉄の融点はまだ実験できっちり決まってはいないのですが、理論計算や低い圧力でのデータを使ってある程度の確実性をもって求めることができます。それが図1－2に示した、3800度と5500度の温度です。鉄の融点は、深くなる（圧力が上がる）ほど高温になります。

このように説明すると、地球の中の温度は結構よく解っているもんだ、と感心されるかもしれません。でも、実際はそうとも言えないのです。

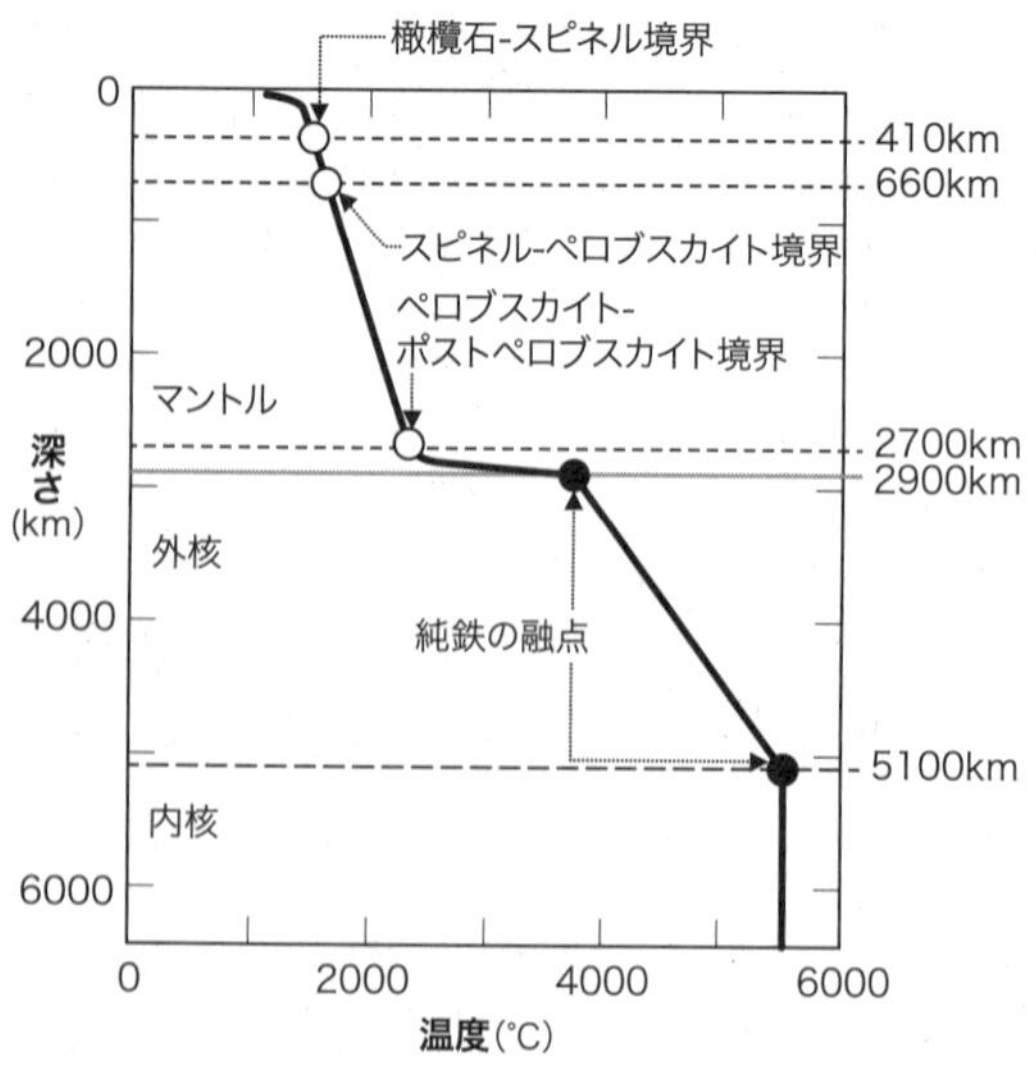

図1－2　地球の中の温度分布
鉱物の構造が変化する反応や鉄の融点を使っていくつかの深さでの温度を求め、これらの点を結ぶことで地球の中の温度分布が得られます。マントルの最上部は地表から冷やされて硬くなりプレートとして振る舞います。またマントルの底は核から強烈に加熱されています。

まず怪しいのが、核の温度です。なぜなら、実は核には鉄とニッケル以外の元素も含まれているからです。地震波や重力のデータを説明するためには、核には、数%以上の軽い（原子番号の小さい）元素が入っていないとつじつまが合わないのです。軽い元素の候補としては、水素、炭素、酸素、イオウ、シリコンなどが有力です。ここで大切なことは、これらの元素が混入すると、鉄ニッケル合金の融点が大きく下がる可能性があるのです。従って、核の温度を融点から推定するためには、どのような軽元素がどれくらい混入しているのかを明らかにしないといけないのです。

この問題は、世界中の研究者が超高圧実験や理論計算に取り組んでいる、まさに地球科学のフロンティアで、後でもう少し詳しくお話しすることにします。

もう一つの大きな問題点は、高温高圧実験を行う際の圧力測定です。だって、これまで誰も実際に到達したことの無いような高圧条件を再現するのです。そんな条件で用いる圧力計、つまり深さの目盛の精度に問題があることは、ある意味で当然のことでしょう。

マントルは流れて対流する

液体ってなに？　と尋ねられたら、みなさんならどう答えますか？　おそらく最も多い答えは、「流れるもの」ではないでしょうか？　これで間違いではありません。

じゃあ続いて、固体ってなに？　と尋ねるときっと、「流れない硬いもの」という答えが返ってくるでしょう。日常の現象を考えると、こう答えてしまいますよね。でも、地球で起こっていることを考える時には、もっと時間スケールが長くなることを忘れてはいけません。そんな「地球時間」では、岩石のような固体でも、しっかり流れてしまうのです。

固体の地球が流れる、このことを教えてくれるデータがあります。

地球は完全な球形ではありません。赤道での半径が極半径よりも約21キロ長く、回転楕円体（だえんたい）と呼ばれる形をしています。地球は自転しているので、赤道付近で遠心力が最大になります。その力は相当なものです。だって、赤道では時速１６７０キロの猛スピードで地球は回っているのですから……。この遠心力によって地球が流れて変形しているのです。

もう一つ、地球が流体として振る舞う現象を紹介しましょう。それは、スカンジナビア半島やカナダのハドソン湾周辺で観察される「後氷期隆起（こうひょうきりゅうき）」と呼ばれるものです。一番最近の氷河期は、今から約7万年前に始まり1万年前に終わったと言われています。先ほどの地域では、この氷河期の間数千メートルにもおよぶ氷床（ひょうしょう）に覆われていました。そして現在、年間1センチもの割合で隆起しているのです。なぜこんなことが起こるのでしょうか？

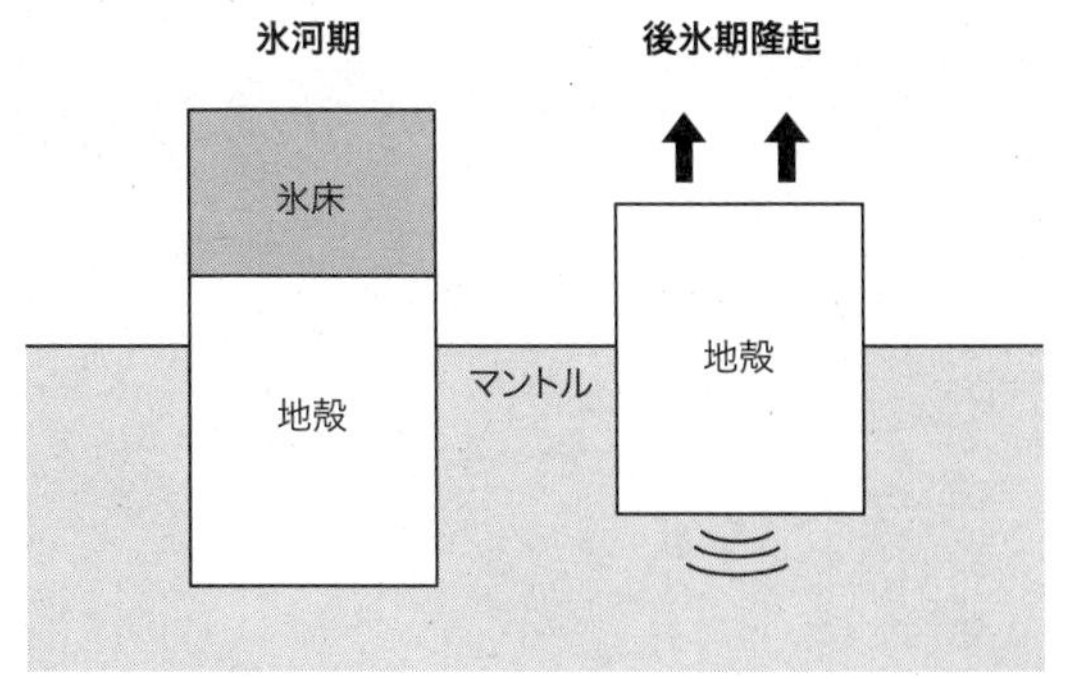

図1－3　後氷期隆起
アイソスタシーによって流れるマントルの上に浮かんでいる地殻は、氷床が無くなるとその分だけ軽くなって上昇します。この隆起速度などからマントルの粘り気、粘度を推定することができます。固体のマントルは相当にネバネバした流体ですが、それでも流れます。このことによってマントル対流が起こるのです。

それは、軽い地殻が柔らかいマントルの上にプカプカと浮かんでいることが原因なのです。「アイソスタシー」って、理科の授業で習ったのを覚えていらっしゃいますか？　図1－3に示してあります。氷河期には、氷床と地殻の重さをマントルの中へはみ出した地殻部分にかかる浮力で支えています。そう、「アルキメデスの原理」です。ところが氷床が融けてなくなってしまうと、地殻はバランスを取るために浮き上がってしまいます。これが後氷期隆起です。マントルの上に地殻が浮いている。つまりマントルは水のように流れる物体なのです。

後氷期隆起は、マントルの流体としての性質も教えてくれます。水の中に浮かんだ木片を想像してみてください。手で木片を押さえつけて水の中へ沈めておいて、パッと手を離したとします。すると、すぐに木片は浮かび上がります。それは、水がサラサラの流体だからです。ところが、マントルではそうはいきません。氷河期が終わって1万年も経っているのに、氷床の影響からまだ完全に回復していない、だからこそいまでも隆起が続いているのです。つまり、マントルは水と違ってネバネバで、氷河の重みがなくなったからといって、すぐには対応できないのです。

物質の「ネバネバ度」を示す指標を「粘度（ねんど）」と呼びます。粘度が高く（大きく）なるとネバネバに、低く（小さく）なるとサラサラになります。物質の粘度をパスカル秒という単位で表すと、水は1000分の1程度しかありませんが、油ではおおよそ10分の1程度、道路舗装に使うアスファルトが10、ハワイ島キラウェア火山の溶岩は1000くらいです。これらに対して、後氷期隆起に関する観測結果から求められたマントルの粘度は、なんと10の21乗。桁外れ（けたはず）れに大きな値です。

ここで、マントルが流れることの意味を考えてみましょう。この時に大切なことは、図1-2に示したように、マントルの底と上面（モホ面）とでは2000度程度の温度差があることです。こんな温度差があることは、とっても不自然です。温度差をなくすように、マントルの底から表面へ熱が伝わるはずです。熱を伝えるには、輻射、伝導、そして対流の三つの方法がありますが、地球の中のようにぎっしり物が詰まっていては、輻射では熱を運ぶことはできません。

では、地球の中では伝導と対流のどちらが熱を運んでいるのでしょうか？

対流というのは、温められた物質が軽くなって上がり、逆に冷やされた部分が重くなって落っこちてゆく現象です。みそ汁を温めた時のことを思い出して下さい。

軽くなった部分が浮力で上がる時には、特にねばっこい物質の場合は抵抗を強く受けて上がりにくくなりますよね。つまり、粘り気による抵抗が大きすぎると、対流ではなく伝導のほうが効果的に熱を伝えることができます。マントルについてこのような性質を調べてやると、伝導ではなく、対流が熱を運んでいることが解ります。

溶岩プレートでＢＢＱができるのは熱伝導じゃあないの？　って疑問に思われる方もいるかもしれません。しかし溶岩プレートは薄すぎて、対流する前に熱が伝わってしまいます。マントルは１０００キロのスケールなのです。

どうにかしてこのマントル対流の様子を見ることはできないものでしょうか？

そこで登場するのが、地震波トモグラフィーです。図１－４を見て下さい。これが、地震波トモグラフィーが描き出した地球の中の様子です。この方法では、地震波の伝わる速さをイメージしているのですが、速く伝わる部分は温度が低い所、遅く伝わる

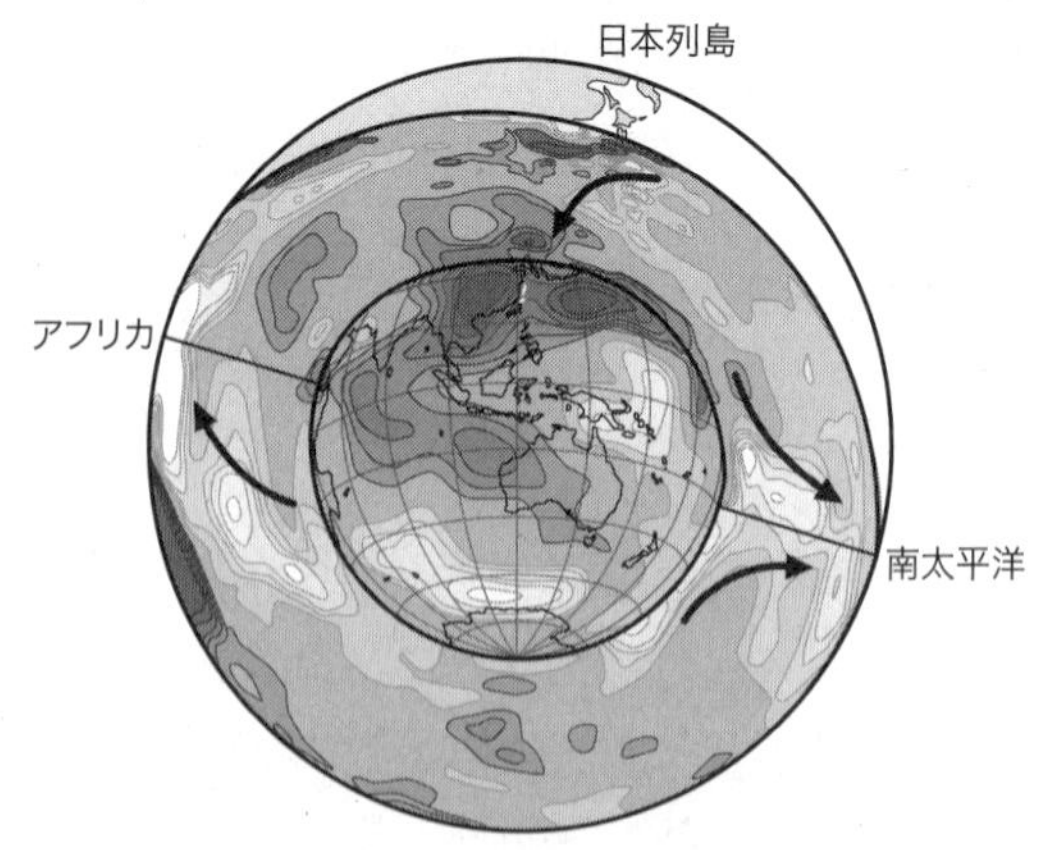

図1－4　地震波トモグラフィーが描き出したマントル対流の様子
日本列島のような沈み込み帯の下のマントルでは潜り込みが、そして南太平洋やアフリカの下では湧き出しが起こっています。マントル対流はプレート運動を引き起こし、地震や火山活動の原因になります。

部分は温度の高い所と考えることができます。マントルの底から湧き上がる上昇流と落っこちて行く下降流が見事にイメージされていますよね。

もちろん、マントルは桁外れに粘っこい物質ですから、対流も非常にゆっくりしています。速くても1年で数センチ程度でしょうか。しかし、なにしろ地球の時間スケールは長いのです。仮に40億年間マントル対流が続いたとすると、4万キロ以上も流れておおよそマントルを4周したことになります。

プレートテクトニクスとマントル対流

ここで、温度と岩石の物性の関係を整理しておきましょう。岩石と同じく二酸化ケイ素を主成分とするガラスを例にとって説明しましょう。ガラス細工では、花瓶やコップの形にする時にはガラスを炉の中へ入れて温めます。もちろん融かしてしまう訳ではなく、ある程度温めてガラスを柔らかくして、割れないように加工するのです。そう、温度を上げるとガラスは柔らかく、逆に冷えると硬くなるのです。これは、ガラスを作っているシリコンと酸素をつなぐ鎖（結合）が、温度上昇によって緩んだり一部切れてしまったりするからです。そして鎖が殆ど切れてしまった状態が液体です。

同じことは岩石でも起こっています。マントルの浅い部分では温度が下がるために、マントルを作っている橄欖岩の粘度が、１００倍程度も急激に大きくなって硬くなってしまいます。するとその硬くなった部分は、深くにある熱いマントルと同じように対流することができずに、硬い板のような振る舞いをするようになります。これが、「プレート」で、「リソスフェアー（岩圏）」とも言います。そしてその下の柔らかい、粘性の低いマントルの部分は「アセノスフェアー」と呼びます。〝アセノ〟とは弱いとか柔らかいという意味のギリシャ語です。

ここで大切な事は、プレート＝地殻ではないことです。いま説明したように、プレートはその力学的な振る舞いによって作られるのであって、地殻とマントルのように化学組成、つまり岩石の違いとは一致しません。

ちょっと「情けない」ことを思い出しました。30年くらい前に京都大学の大学院の入学試験に「モホ面とは何か？」という問題を出したことがあります。なんと受験者の3割くらいが、プレートの底の面、と答えていたのです。がっかりです。

さて、「プレートテクトニクス（plate tectonics）」という言葉は、ご存じでしょう。プレートテクトニクスについては、既に解説書がたくさん出ていますので、ここでは簡単に触れるに留めることにします。

図1－5を見て下さい。太平洋、大西洋、インド洋などの大きな海の中には、巨大な海底山脈が延々と続いています。「海嶺」と呼ばれる所です。この海嶺が海の上に顔を出したとも言えるのがアイスランドです。地球上で最も火山活動の盛んな場所の一つです。そう、海嶺は火山の山脈なのです。プレートテクトニクスでは、海嶺で作られたマグマが固まって「海洋地殻」を作り、海底（海洋地殻）が海嶺の両側へ広がって行くと考えます。

このようにして海底が拡大することで、大陸が移動するのです。例えば図1－5で、一つの超大陸「パンゲア」が、左側の南米大陸と右側のアフリカ大陸に分裂したと考

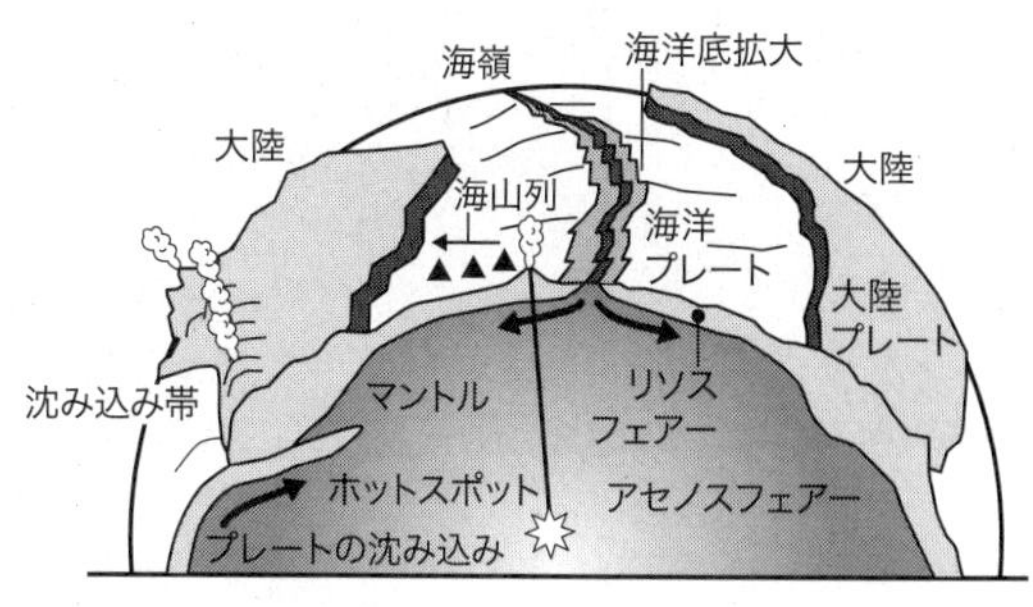

図1－5　プレートテクトニクス
海嶺ではマグマ活動によって海洋プレート（リソスフェアー）が作り出されて、海底は広がって行きます。その結果大陸は分裂して移動して行くのです。また、重くなった海洋プレートはアセノスフェアーへ沈み込んで行きます。この場所では火山活動や地震活動が盛んです。マントル深部の熱源（ホットスポット）からマグマが上昇して、海山列が作られることもあります。

えて頂くとよいと思います。

先ほども強調しましたが、プレートは温度が低いために変形しない一枚板として振る舞います。つまり、プレートの厚さは、温度が決めているのです。従って海嶺のようにマグマが作られるほどに高温の場所ではプレートは薄いのですが、海嶺から遠ざかるにつれて冷えて、厚くなっていきます。ここで、もう一度、プレート＝地殻でないことは、思い出しておいて下さい。例えば海嶺で作られる海洋地殻はプレートの一部であって、その下のマントル部分と併せて海洋プレートを構成しているのです。

海嶺はプレートが広がっていく、

あるいはプレートが作られるという意味で、「発散境界」とか「生産境界」と呼ばれています。でも、地球の表面は全てプレートで覆われているのですから、一部が広がっていくとどっかで余ってしまいます。ここで登場するのが、「収束境界」または「消費境界」と呼ばれるプレート境界です。図1‐5の左端の所では、プレートがマントルの中へ沈み込んでいます。このような「沈み込み帯」が存在するおかげで、プレートあるいは地球表面の総面積は一定に保たれているのです。

海嶺で誕生したプレートは、沈み込み帯でマントルへ潜り込んでゆきます。プレートが沈み込む原因は、海嶺から遠ざかるにつれて温度が下がって、そのために重くなることです。このことが原因でプレートがマントルへ回帰する結果、地球上にはあまり古い時代の海底は残っていないことになります。現在の海底に残っている最も古い部分は、日本列島から南へ延びる伊豆(いず)・小笠原(おがさわら)・マリアナ海溝へ沈み込もうとしている太平洋の海底で、約2億年前に作られたものです。海洋底は次々とリニューアルされているのです。

では、プレート運動の方向や速度はどのようにして求めることができるのでしょうか？

最近の計測技術の飛躍的な進歩によって、現在のプレートの動きを、非常に精度よく測ることができるようになりました。カーナビや携帯ナビでおなじみのGPSや、数十億光年の彼方から放射された電波を観測するＶＬＢＩ（Very Long Baseline Interferometry：超長基線電波干渉法）と呼ばれる方法です。

一方で、過去のプレート運動を推定するには「ホットスポット」を用います。ホットスポットは、いろんな分野で使われる言葉ですが、地球科学におけるホットスポットは、まさに「熱い点」を指しています。例えば、キラウェア火山が活動的なハワイ島。ここは太平洋プレートのど真ん中にあります。そして、図１－５に模式的に示したように、現在火山活動が活発なハワイ島を起点として、マウイ島、ラナイ島、モロカイ島、オアフ島、カウアイ島と、だんだんと古い火山島が列を作っています。このような古い火山は、海面下でも続いていて、海山列と呼ばれます。ハワイ火山の場合は、海山列はなんとカムチャッカ半島まで続いているのです。

このような海山列ができることを説明するには、マントルの深い部分に熱源（ホットスポット）が固定されていて、そこから定期的にマグマが地表へもたらされると考えるとうまく行きます。プレートが移動するので、古い火山はどんどんプレートとともに、ホットスポットの真上の地点（例えばハワイ島）から離れて行くのです（図１－５）。だから、海山列の並びからプレート運動の方向がわかりますし、火山ができた年代が解れば、プレートが動く速度を計算することができます。

このようなプレート運動はなぜ起こるのでしょう？　マントル対流がプレートを引きずって動かす、というメカニズムは簡単に思い浮かびます。その場合は、海嶺がマントル対流の湧き出し口、沈み込み帯が下降流。なかなかうまい話ですよね（図1－6上）。

ところが、そうは単純にはいかないのです。いろんな証拠に基づいて過去のプレート運動を調べてやると、どうやら海嶺が沈み込んでしまうことが、結構頻繁に起こっていたのです。海嶺が対流の湧き出し口、海溝が沈み込み口であるはずなのに、湧き出し口が沈み込むことになります。なんだか訳がわからなくなってしまいますよね。

そこで、沈み込んだ部分のプレートの重みが、プレート全体を引っ張っている。海嶺は、そのプレートが裂けている所であると考えると、海嶺の沈み込みは、うまく理解できます（図1－6下）。また、裂けた部分を補うようにマントルが上昇して、マグマが発生してプレートをつくっている。こう考えると、海嶺での火山活動も納得がいきます。つまり、海嶺の下にはマントルの深い所から対流が〝湧き出している〟のではなく、裂けた部分を取り繕うために、受け身的に上昇流が起こっていると考えるのです。このモデルでも、マントル対流の下降流はやはり沈み込み帯で起こっているのですが、マントルが湧き出しているのは、例えば南太平洋など、ホットスポットが幾つも集まった地域になります。こう考えた方が、図1－4に示した地震波トモグラフ

マントル対流がプレートを動かすモデル

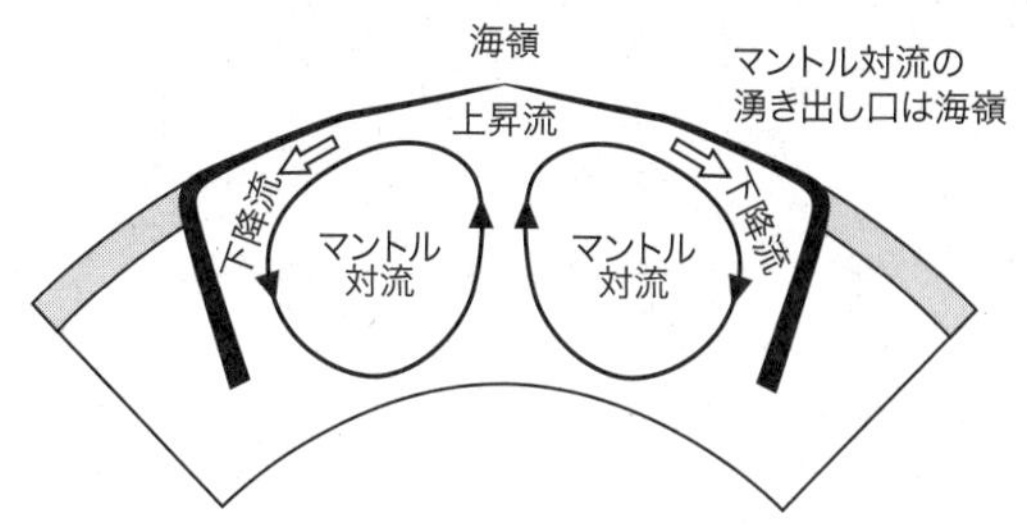

プレートは自重で動くモデル

ホットスポット火山
海嶺
マントル対流の
湧き出し口は
ホットスポット
上昇流
下降流
下降流
マントル
対流
マントル
対流

図1－6　プレート運動の原動力に関する二つのモデル
マントル対流がプレートを動かしているならば、海嶺は対流の湧き出し口にあたるはずです。一方、プレートが、沈み込んだ部分の自重で引っ張られて動くならば、海嶺は単なる裂け目なのです。そのかわり、マントル対流が湧き出す所はホットスポットになります。海嶺自身が沈み込むことがあるので、プレートは自身の重さで動いていると考えられます。

ィーのイメージともよく合います。

地球だけにあるプレートテクトニクス

地球の最高点であるエベレスト山では、アンモナイトや三葉虫(さんようちゅう)、それにウミユリなど、数億年前に海で暮らしていた生物の化石が見つかります。かつての海底が何千メートルも隆起した証拠です。つまり海底が1万メートルほども隆起してエベレストとなったのです。このような「造山運動」は、地球の表面を覆う十数枚のプレートが動いて互いに力を及ぼし合うことで起きる。これが「プレートテクトニクス」のツボです。

なぜプレートテクトニクスが作動するのか？ この根源的な問いに答えるには、少し太陽系惑星の性質を調べる必要があります。太陽系惑星のうち比較的内側、太陽に近いところを回っている水星、金星、地球、そして火星は、ほぼ同じような物質、つまり岩石＋鉄合金からなるので、「地球型惑星」と呼ばれています。一方さらに外側を回る惑星は、ガス惑星や氷惑星です。

このように同じグループに属する地球型惑星ですが、実はプレートテクトニクスは地球だけでみられる現象なのです。なぜこんなことが起きるのでしょうか？ この問題を解決するために、まずマントル対流の仕組みを調べてみましょう。

地球型惑星では、表面の平均温度がマイナス数十度〜数百度であるのに対して、内部ははるかに高温です。つまりマントルには大きな温度差があることになります。先にも述べたように、熱いみそ汁はやがて冷める様に、自然はこんな温度差がある状態が続くことを許しません。マントルを通してどんどん熱を表面へと運んで核を冷やし、全体が一様な温度になろうとするはずです。この冷却を担うのがマントル対流なのです。

地球型惑星の内部ではこのように対流が起こるのですが、温度が低い惑星表面付近では、岩石は内部に比べてずっと硬くなり、1枚のガッシリした蓋（ふた）のように惑星を覆ってしまいます（図1－7の不動蓋型）。当然このプレートと呼ばれる蓋の部分は硬くて流れにくいので、熱伝導が熱を運ぶ主役となるはずです。

一方で高温の内部では、活発な対流が起こります。また深部の高温領域（ホットスポット：熱い所）からマントルが湧き上がる所ではマグマが発生して、火山活動が起こる可能性もあります。

このように不動蓋型マントル対流はシンプルかつ普遍的な対流様式です。スーパーコンピューターなどでいろいろ条件を変えてマントル対流を再現しても、必ず不動蓋型マントル対流になるのです。水星、金星そして火星では、このメカニズムによって内部がだんだんと冷えていると考えられます。

しかし、地球だけは様子が違います。たった1枚ではなく複数のプレートが表面を覆い、それらのプレートが動いている（図1－7のプレートテクトニクス型）。だからこそ地球では、沈み込み帯や海嶺で地震や火山活動があり、地殻変動や大陸移動などさまざまな現象が起こってきたのです。

では、なぜ地球だけが特別なのでしょうか？　その答えは地球が太陽系唯一の「水惑星」であり、常時表面の一部が液体の水（海）で覆われていることにあります。他の地球型惑星では、その質量や太陽からの距離や大気の組成のせいで、その表面には液体の水が存在できない状態です。ある意味で、地球表面に水が存在するのは奇跡と呼べるのかもしれません。

そして実は、水には岩石を破壊しやすくする性質があるのです。

豊富な石油が埋蔵される中東地域は、その利権をめぐって常に争いの場となっています。そんな中で米国では「シェール革命」が起きて、地下にある泥質（シェール）の地層から石油やガスを取り出すことができるようになりました。水を地中へ注入してシェールガスやオイルを取り出す技術が開発されたのです。しかしいいことばかりではありません。シェールフィールドでは地震が多発するようになったのです。地下へ注入された水が岩石を破壊しやすくしたことが原因でした。

同じように水が地震、つまり岩盤の破壊を引き起こす現象は巨大なダム周辺でも認

不動蓋型マントル対流：一般的

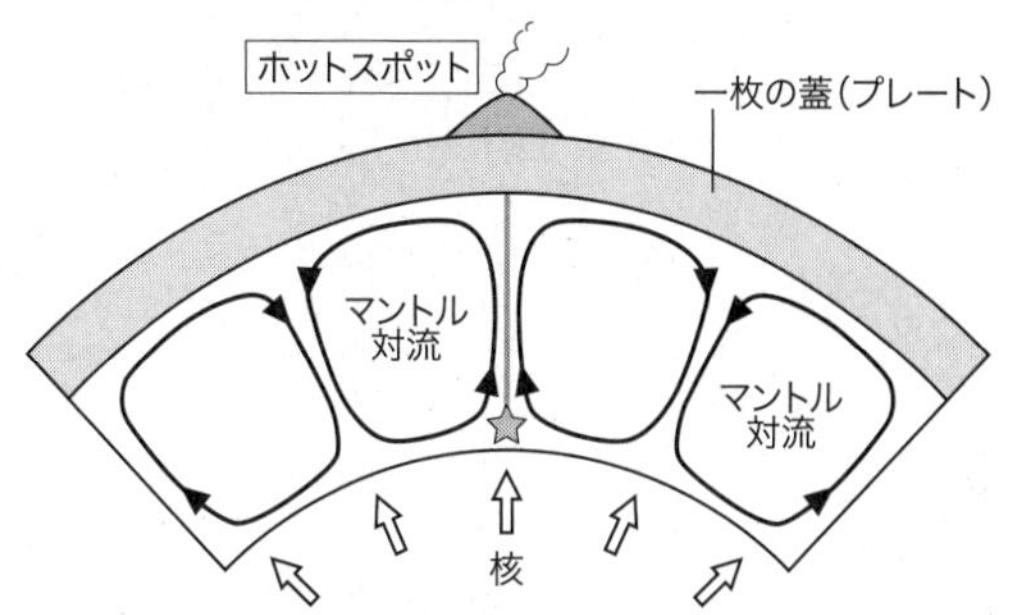

プレートテクトニクス型マントル対流：地球だけ

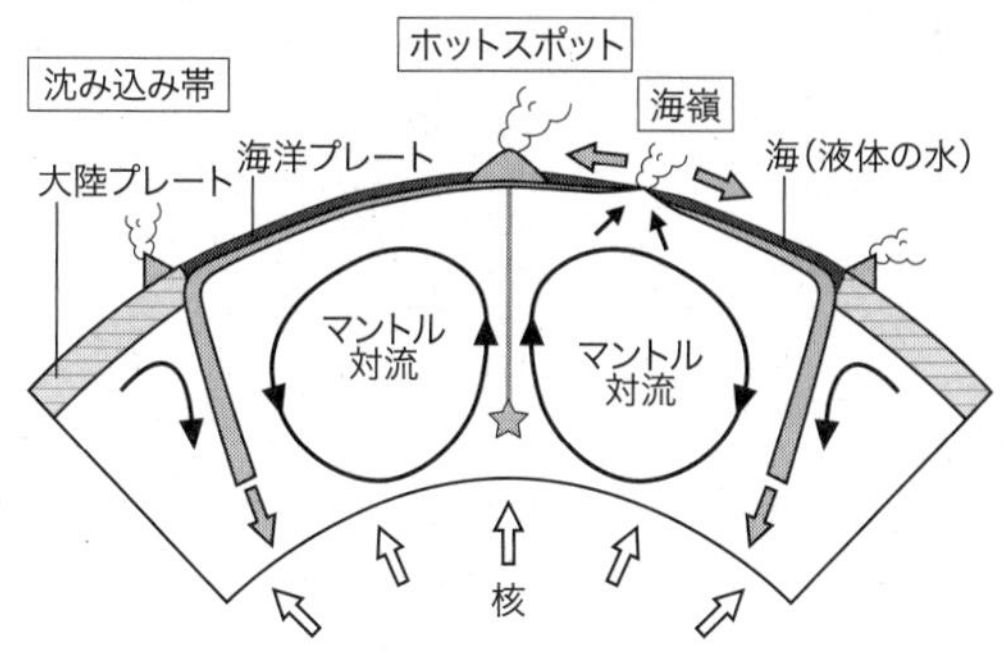

図1－7　2種類のマントル対流
一般的に惑星の温度が低い表層部は、硬い岩盤（プレート）が動かない蓋のように覆っていて、その下で活発な対流が起きています。しかし地球では、岩盤は移動したり沈み込んだりするプレートテクトニクスが起きています。

められます。ダムを建設して水位が上がると、周辺で群発地震が起きることが多いのです。ダム湖から周囲の岩盤へ水が浸み込んで、岩石や地層の破壊を引き起こすようになったのです。

地球でもかつては他の惑星と同じように、不動蓋型マントル対流が支配的であったに違いありません。しかし今から約40億年前、大気中の水蒸気が雨として降り注ぎ、液体の水が海として地表を覆うようになると状況が一変したのです。

海が存在するようになった原始地球では、強度が下がった表層の岩盤には多くの割れ目ができ始め、そして弱い割れ目にはますます力が集中して大断層に発達しました。そしてついにはその断層に沿って冷たくて重いプレートが沈み込み始め、その結果プレートの内部が裂けて海嶺が誕生したのです。こうしてプレートテクトニクスが水惑星地球で発現したのです。

かつては表面に水が存在し、現在でも地下に水（氷）が残っていることがほぼ確実だと考えられている火星。表面に水が存在していたころには、地球と同じようにプレートテクトニクスが駆動していたようです。なぜならば、火星にはプレートテクトニクスが作る特徴的な岩石「安山岩」が存在しているのです。しかし火星は重量が小さく水蒸気を含む大気をとどめておくことができませんでした。その結果表面から液体の水が消えたことで、プレートテクトニクスは停止してしまったのです。もし火星がもう少し大きくて大気、水、そしてプレートテクトニクスが存在し続けていたのであれば、地球と同じように生命が発生したに違いありません。

地球の中にも海がある?

次は、地球の中にある「水」についてのお話です。

液体の水が存在すること。このことが惑星地球の最大の特徴の一つです。生命が誕生して生存を続けているのも、水のおかげです。

もちろん、「海」は巨大な水の貯蔵庫です。ものすごい量ですよね。海には1・4エクサトンもの水があります。エクサは、10の18乗です。

では地球全体では一体どれくらいの水があるのでしょう? 難しい問題ですが、ちょっと考えてみることにしましょう。

そのためには、やはり地球の材料となった隕石の力を借りることになります。隕石にも水は含まれています。1969年にオーストラリアの片田舎に落下してその村の名を冠した「マーチソン隕石」には、なんと15%もの水が含まれているのです。

まあこれは特別なケースでしょうが、それでも、いろんな隕石を調べると、地球の原料となった微惑星には、少なくとも1%程度の水が含まれていたと考えられます。

この割合に地球の重さを掛け合わせて計算すると、地球に集まった水の量は60エクサトンにもなります。海水の40倍以上の量です。もちろん、いくらかの水は宇宙空間へ散逸したに違いありませんが、それでも実は相当多量の水が地球の中に蓄えられているのではないかと思えてきます。

地球の中、地殻やマントルでは、水はH_2Oではなく、水酸化物OHとして鉱物の中に含まれています。このような水を含む鉱物は、「含水鉱物」と呼ばれます。地球の中にどれくらいの水が蓄えられているのかという問題は、地球の中にどんな種類の含水鉱物がどれくらい存在するのかを調べればよいことになります。

鉱物は水を含むと膨らみます。高野豆腐を水で戻すと膨らむようなものです。体積が大きくなるのですから、密度は小さくなります。これを利用して、マントルの密度と比較して、含水鉱物の種類と量を決めることによって、大まかにですが水の量を求めることができるのです。その結果は、660キロ不連続面より上の上部マントルには約4エクサトン、下部マントルにも1エクサトンもの水が蓄えられている、というものです。なんと、マントルには海水の3倍以上もの水が存在しているではありませんか（図1－8）。

海洋の下には、それより大きなもう一つの海が広がっている、とでも表現すればいいのでしょうか？

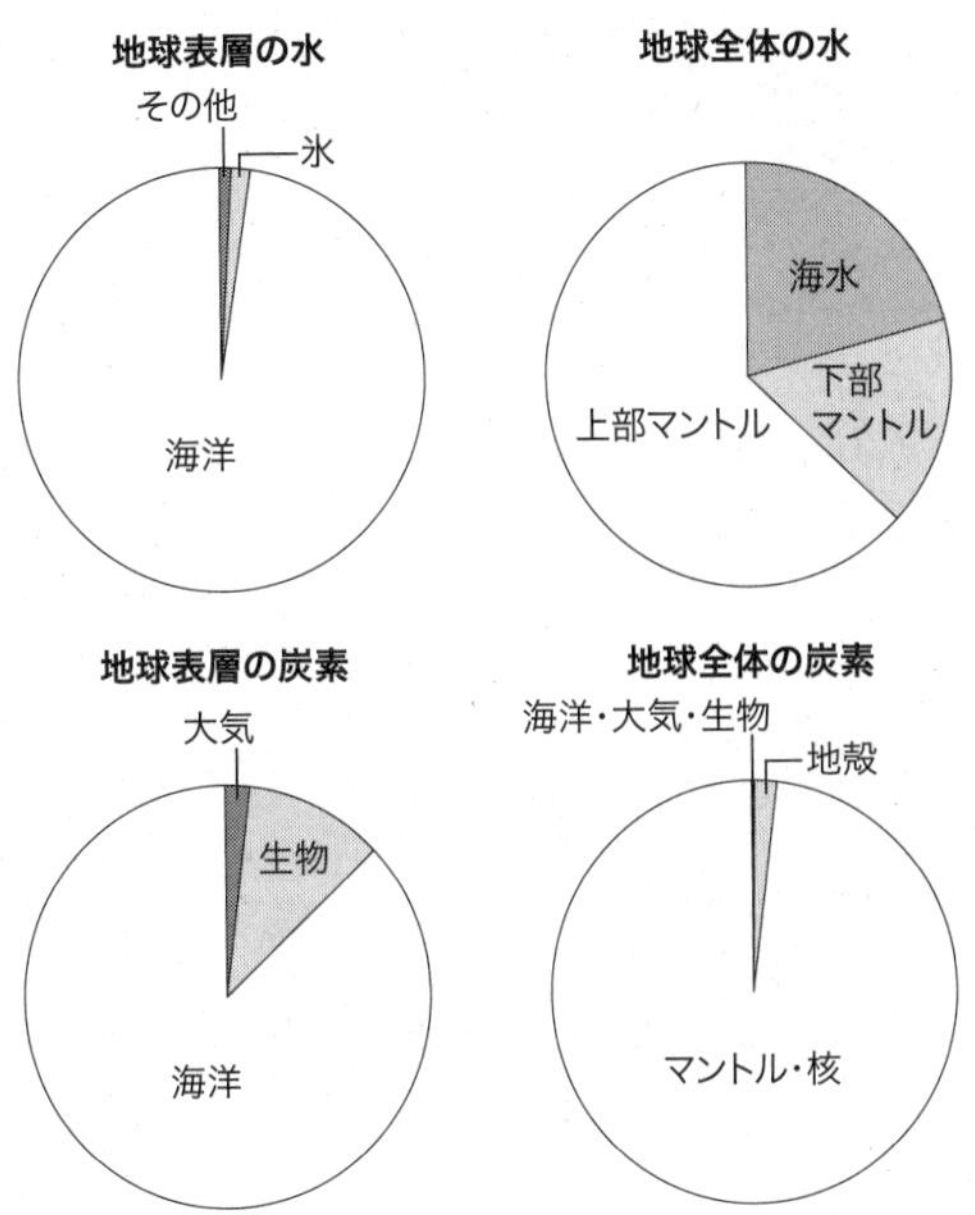

図1－8　水と炭素の分布
生物も含む地球環境に大きな影響を及ぼす水と炭素については、地球表層では圧倒的に海洋が巨大な貯蔵庫です。しかし地球全体で見ると、これらのほとんどは地球内部に存在します。地球内部変動による水や炭素の移動を理解することが、地球の進化やこれからの地球を探る上で決定的に重要です。

地球の中の温度についてお話しした際に、金属でできた中心核には軽い元素が結構入っていると言いました。軽い元素の代表格は水素（H）です。最近の実験で分かったことなのですが、液体の鉄合金からなる外核にはなんと4000ppmもの水素が含まれている可能性があるというのです。もしこの実験結果が正しければ、外核には海水の40倍にも及ぶ水素が含まれていることになります。もちろんこの水素はH_2Oの形として存在しているわけではありませんが、ある意味では地球の中心にも、とてつもない水瓶（みずがめ）があると言っていいのかもしれません。

ついでに炭素も見ておくことにしましょう。その理由は「温室効果ガス」のことが気になるからです。二酸化炭素や、もっと強烈な温室効果があるといわれているメタンは、炭素が主要な構成要素です。また、炭素は水素とともに生物を作っている元素でもあります。地球の将来や、生命の誕生と進化と地球との関わりを知るためには、やはり地球における炭素の分布を理解しておく必要がありそうです。

まず、地球表層、つまり海洋、大気、それに生物圏の炭素量を比較してみましょう（図1－8）。水と同様、海洋が非常に大きな炭素の貯蔵庫です。将来の地球の気温変動を予測するには大気中の炭素濃度を知る必要がありますが、そのためには、大気と炭素のやり取りを行う海洋、それに生物圏も含めた「炭素循環」を理解することが重要なのです。このような研究は、いまある意味で「流行（はや）り」で、スパコンを駆使した改良型モデルが次々と登場しているようです。

さて、地球の中に炭素はどれくらいあるのでしょうか？　図1－8を見て下さい。なんと、地球全体の炭素量の99・9％以上は地球の内部、そのうち殆どはマントルと核に蓄えられているのです。しかも核にはもっとたくさんの炭素が含まれている可能性もあります。

なんだか、大変なことになってきたと思いませんか？　地球環境の変化、そして生命活動に決定的に重要な役割を果たす水や炭素が、実は地球の中にたくさん蓄えられている。その量たるや、海や大気を遥かに凌ぐのです。

昔からよく経済の分野では、「アメリカがクシャミをすると日本が風邪をひく」などと言われてきました。これに喩えるのがいいかどうかよくわかりませんが、とにかく地球内部がちょいと変動したら、地球表層の環境は大きく影響を受けるであろうことは、想像して頂けると思います。「炭素循環」や「水循環」の全容を解明するには、これまでのように地球の上辺だけでなく、内部の役割も考えねばなりません。

では、何故これほど多量の炭素や水が地球の中に蓄えられているのでしょうか？大きな原因の一つは、後で詳しく述べるように原始地球を覆っていたマグマの海、マグマオーシャンにあります。マグマの中には水や炭素が溶けこむことができるのです。特にマグマオーシャンの深部では圧力が高いためにその量が桁外れに大きくなります。

このようにたっぷりと炭素や水を含んだマグマオーシャンが冷え固まるときに、鉱物や金属の中に炭素や水を取り込んだのです。

海水が惑星から消える日

地球は、太陽系惑星の中で唯一の「水惑星」、すなわちいつも表層に液体の水が存在する惑星です。約40億年前にできた海のおかげで、地球ではプレートテクトニクスが駆動し、生命も誕生してきました。まさに地球を地球たらしめているのは海の存在です。では、この海は永遠に存在し続けるのでしょうか？　ここではこの問題を考えてみたいと思います。

地球では過去には何度も「氷河期」が到来し、その時には氷の量が増えて海水量が減少したのですが、それでも水の総量はほぼ一定に保たれてきました。これを担っているのが「水循環」です。

太陽のエネルギーが地表に降り注ぐことによって地表にある水は水蒸気となって大気中へと移動します。この水蒸気は大気中で凝結して雲を作り、年間約60万立方キロが雨となって地表または海へと戻ってゆくのです。

この水循環は地球表層で繰り返されているのですが、海水の一部はプレート運動によって地球の中へと持ち込まれています。海底で作られる海洋地殻は、水を含んだスポンジのようなもので、プレートが地球内部へ沈み込んで圧力がかかるとおよそ100〜150キロの深さで水を吐き出してしまいます。この水がプレートの上にあるマントルを融かして、日本列島などの沈み込み帯に密集する火山を作るマグマを生み出します。そしてこのマグマにはプレート由来の水がたっぷりと含まれるために、日本列島の火山のように爆発的な噴火を起こすことが多いのです。つまり、海洋地殻に取り込まれた海水も、プレートの沈み込みと火山活動を通して大気へ放出されて、再び海水へと戻っていくのです（図1-9）。

最近になって、海水は海洋地殻だけではなくその下のマントル部分にも浸み込んでいることが分かってきました。図1-9を見てください。硬いプレートが海溝から沈み込むためには、海溝に近づいたところで曲がらなければいけません。硬いプレートが曲がると、海溝の沖合（陸から離れる方向：地球科学では外側と呼ぶ）の海底に少し盛り上がった場所ができます。これを「アウターライズ」と呼びます。海溝の「外側の隆起帯」という意味です。このアウターライズではプレートが曲がったために割れ目ができて、そこから海水が橄欖岩からなるマントルまで入り込んで「蛇紋石（じゃもんせき）」という鉱物を作っているのです。

プレートの大部分を作る橄欖岩中の蛇紋石は、地球内部へ沈み込むと図1-10に示したような限界を超えて分解して水を吐き出します。ここで重要なことは温度が約5

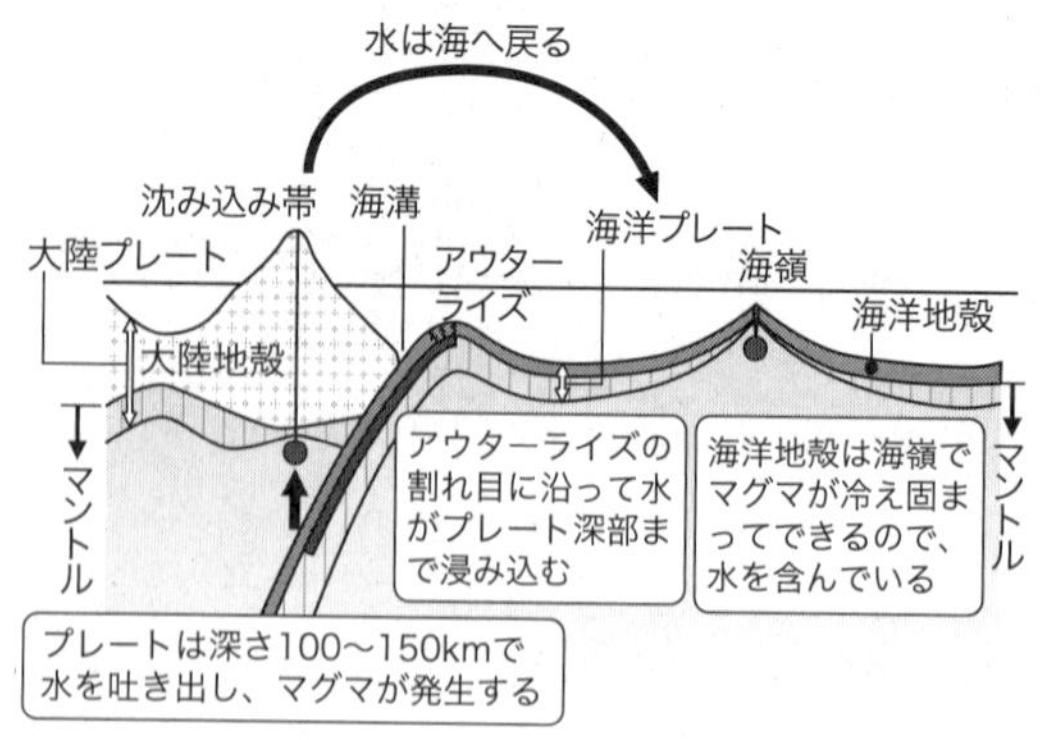

図1－9　プレートテクトニクスに伴う水循環
海洋地殻は海底で形成され、アウターライズで割れるために海水が浸み込み水を含んでいます。この水はプレートと共に地球内部へ運ばれますが、沈み込み帯で絞り出されてマグマを作り、火山噴火とともに大気へ放出され、やがて海へと戻って行きます。

50度以下だと、地球内部へ持ち込まれた蛇紋石は、さらに多量の水を含むことができる「A相」という鉱物に変化することです。この反応が起きる境界は図1－10の点Pで表されます。

現在の地球では、沈み込むプレートの温度がこの点より高温側にあるために、蛇紋石は海洋地殻とほぼ同じ100〜150キロで水を吐き出し、先に述べたようにマグマを通して水を元の海へと循環させています。

こうしてこれまでは、地球表面の水はほぼ一定に保

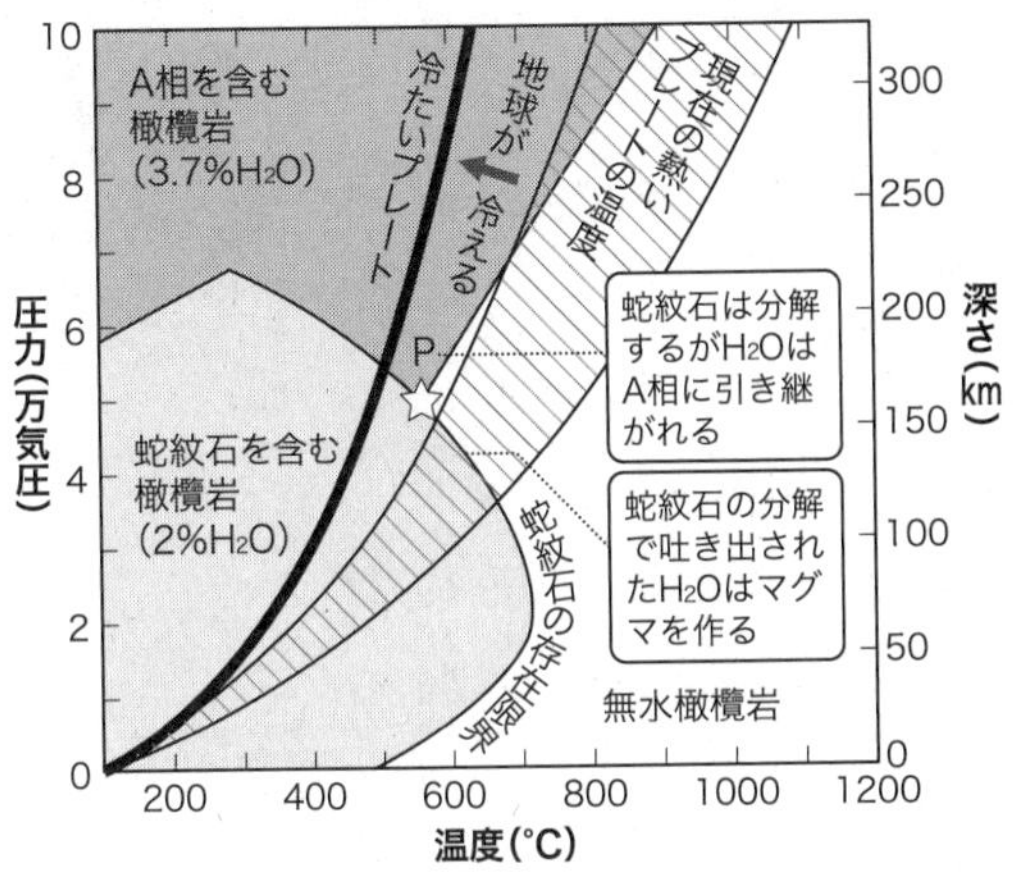

図1－10　プレートに含まれる水の挙動
現在の地球では、プレート（蛇紋石）に含まれる水は全て絞り出されて海水へと戻って行きます。しかし近い将来地球の温度が下がってくると、蛇紋石から絞り出された水はA相に取り込まれて地球深部へ持ち込まれてしまいます。

たれてきたのです。

しかし地球は、マントルが対流することでどんどんと冷えています。現在では図1－10に示すように、最も冷たいプレートでもかろうじて蛇紋石が水を吐き出している状態にあるのですが、今後はプレート水は蛇紋石からA相にバトンタッチされて、地球の深部へと持ち込まれてしまう運命にあるのです。その総量は年間40億トンにも及びます。これだけの水が海へと還元されずに地球内部へ「逆流」するのですから、海水量はどんどん減少することになります。ただ、そんなに危惧する必要はないかもしれません。ちょっと計算してみたのですが、現在の水惑星から完全に海水が消滅するのは4億年ほど先なのです。

陸と海の違い

「水惑星」と呼ばれる地球から、あと4億年すれば海が消える、と衝撃的なお話をしました。それでもやはり「海」の存在は現在の地球の象徴であることに変わりはありません。そう、地球表面の約70％は海に覆われています。水が溜まっている訳ですから、当然海は地形的に低い所です。

一方、残りの30％は平均の高度が８４０メートル、「陸」と呼ばれる部分です。そのほとんどは「大陸」と呼ばれる大きな陸地が、そして残り僅かを「島」が占めています。しかし、大陸も島も構成する材料は同じで、これらの境界は全く人為的なものです。

それでは海と陸って、そもそも何が違うのでしょう？　こんな質問をすると、海水があるかないかに決まっているじゃないか、と思われることでしょう。でもちょっと考えてみて下さい。海水の量って結構変化するはずです。後ほど紹介しますが、地球表面が完全に氷河で覆われていた時代もあったのです。そんな時、海つまり液体の水は今よりもずっと少なかったに違いありません。

実は、大陸と海という地形的に高さの違う場所では、地盤、正確には地殻が全く異なっているのです。それが原因で高低差が生まれて、水が溜まるかどうかが決まっているのです。

図1－11に、地震波の伝わり方や岩石を調べることで解ってきた大陸地殻と海洋地殻の違いを示してあります。この図を見てすぐに気づくことは、厚さの違いです。海洋地殻はどこでもおおよそ6キロの厚さであるのに対して、大陸地殻はこれよりもずっと厚くて、平均40キロもの厚さがあります。

次に、大陸と海洋では、地殻を構成する岩石が大きく異なります。特に、岩石に最も多く含まれる成分、二酸化ケイ素の量に大きな違いがあります。海洋地殻はおおよそ50％、これに対して大陸地殻では60％にも達します。火山から流れ出す溶岩の岩石で言うと、海洋地殻は黒っぽい玄武岩、大陸地殻は灰色の安山岩に相当します。

二酸化ケイ素含有量の違いは、岩石の密度に大きな影響を与えます。この成分は軽いために、大陸地殻は海洋地殻に比べてずっと軽くなるのです。一辺1メートルのブロックで比べてみると、大陸地殻は2・7トン、海洋地殻は3トン程度の重さになります。ちなみに、地殻をプカプカ浮かせている張本人であるマントルは3・2トンくらいです。

このような重さの違いのために、たとえ同じ厚さの大陸地殻と海洋地殻がマントルの上に浮かんでいたとしても、大陸地殻の方が、たくさん浮かび上がっていることになります。アルキメデスの原理ですね。

この密度の違いに加えて、先程述べたように大陸地殻の方が分厚いのですから、大陸地殻はますます浮かび上がって、地形的には高くなってしまうのです。その結果、低い海洋地殻の上に水が集まって海が広がることになります。

では、大陸地殻と海洋地殻の組成差は、なぜ生まれるのでしょう？　それは、それぞれの地殻が作られる場所とプロセスの違いによります。

海洋地殻は、海底の大山脈である海嶺で作られます。先に述べたように、沈み込むプレートの重みで裂けた所が海嶺で、裂けて広がった部分には、マントルが上昇してきてマグマを作って割れ目を埋めています。そのマグマが固まって海洋地殻を作るのです。海洋地殻は、このように比較的シンプルなプロセスでマントルが融けてできたものです。シンプルにマントルが融けると、玄武岩質のマグマが作られます。

一方で大陸地殻は、後ほど詳しく述べるように、沈み込み帯で作られることが解ってきました。沈み込み帯では、海嶺に比べてずっと複雑なプロセスでマグマが作られています。今の日本列島がその代表格です。最大の違いは、スポンジのように水を一杯含んだ状態で沈み込むプレートから、水が絞り出されてマグマができる時にある悪(いた)

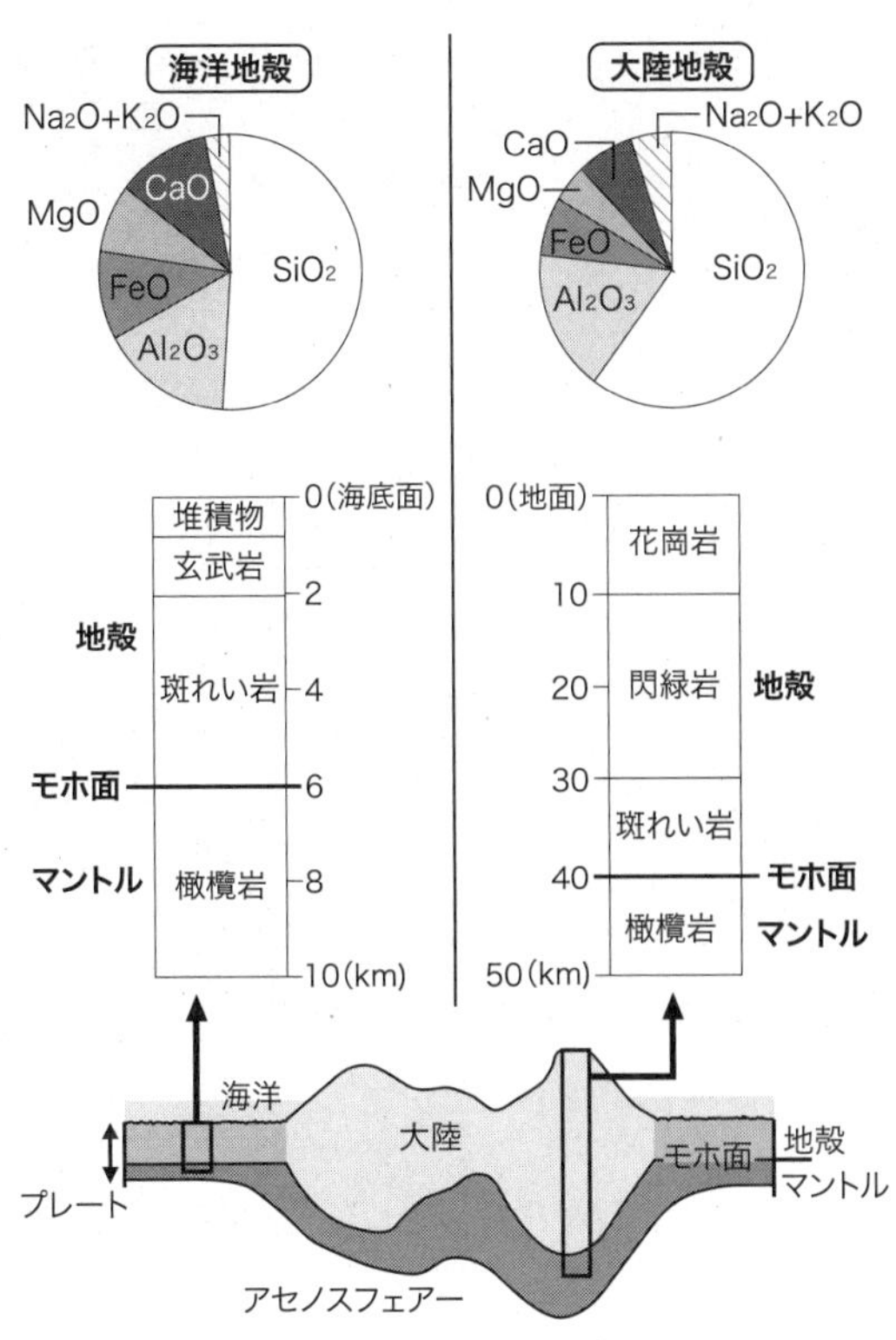

図1－11　大陸と海洋の地盤の違い
大陸地殻は海洋地殻より厚くて、しかも二酸化ケイ素の多い安山岩質の組成を持つので軽いのが特徴です。このことが原因でアイソスタシーによって、地形的に高くなります。単なる高低差ではなく、地盤の組成の違いが大陸と海を分けているのです。

戯(ずら)をしていることです。このことが原因で、二酸化ケイ素成分の多い安山岩質のマグマが作られると考えられています。

地殻は誕生した時に既に、海になるか大陸になるか、運命づけられているのです。そして大陸地殻は、多くの場合マントルの上にプカプカと浮き続けていることができます。一方で海洋地殻は、冷えて重くなった海洋プレートの一部として、地球表面からは消え去ってマントルの中へ落ちて行きます。消えることが運命付けられて誕生する海洋地殻、ちょっと儚(はかな)く感じてしまいます。

でも、実は海洋地殻も結構強(したた)かなのです。後で詳しく述べますが、マントルの中へ消えてしまっても、再び形を変えて地表へ戻ってきているようなのです。

第2章　地球を襲った大事件

「進化」。生物の多様化と環境への適応を表すこの言葉は、一般的には「ゆっくりとした変化」という意味合いを持って使われることが多いようです。この言葉は、地球に対してもよく使われます。確かに46億年の歴史なのですから、ゆっくりした変化ではあります。

でも、地球の進化は決して小さな出来事の積み重ねばかりではありません。むしろ地球は、とてつもない大異変を何度も経験して、現在の姿になったと言った方がいいかもしれないのです。大変革や革命それに大異変を意味するrevolutionは、evolution（進化）と同源です。両者には密接な関係がありそうです。

ここでは、私たち生命を育む母なる地球が遭遇してきた大事件を紹介することにしましょう。

地球の進化を語る時には、その46億年の歴史をいくつかの時代に区分して表すことがあります。「地質時代」と呼ばれるものです。図2－1に、これから説明する大事件と地質時代の関係を示してみました。こうして地質時代を並べてみると、ほんとうにその長さに驚きますね。そして、地球史の節目では、生き物たちが重要な役割を果たしていることがよく解ります。

地球の誕生とマグマの海

そもそも地球はどのようにして生まれたのでしょうか？　もちろんこんな大問題には、いろんな説があるのですが、ここではいま多くの研究者が受け入れている「標準モデル」を紹介しましょう。

「宇宙塵（うちゅうじん）」は広大な宇宙空間に分布している固体の微粒子。大きさはミクロンサイズ。これが星の主要な原料です。

太陽系が誕生しようとしていた時、宇宙塵やガスの氷が太陽の周りに円盤状に集まっていました。この円盤内では、微粒子が静電気や重力によって集まって次第に大きくなってゆきます。このようにしてキロメーターサイズになったものを「微惑星（びわくせい）」と呼んでいます。微惑星の中には他と比べて大きなものもあったでしょう。このような大きな微惑星は引力も大きく、周囲の微惑星を集めてどんどん大きくなって「原始惑星」となったのです。

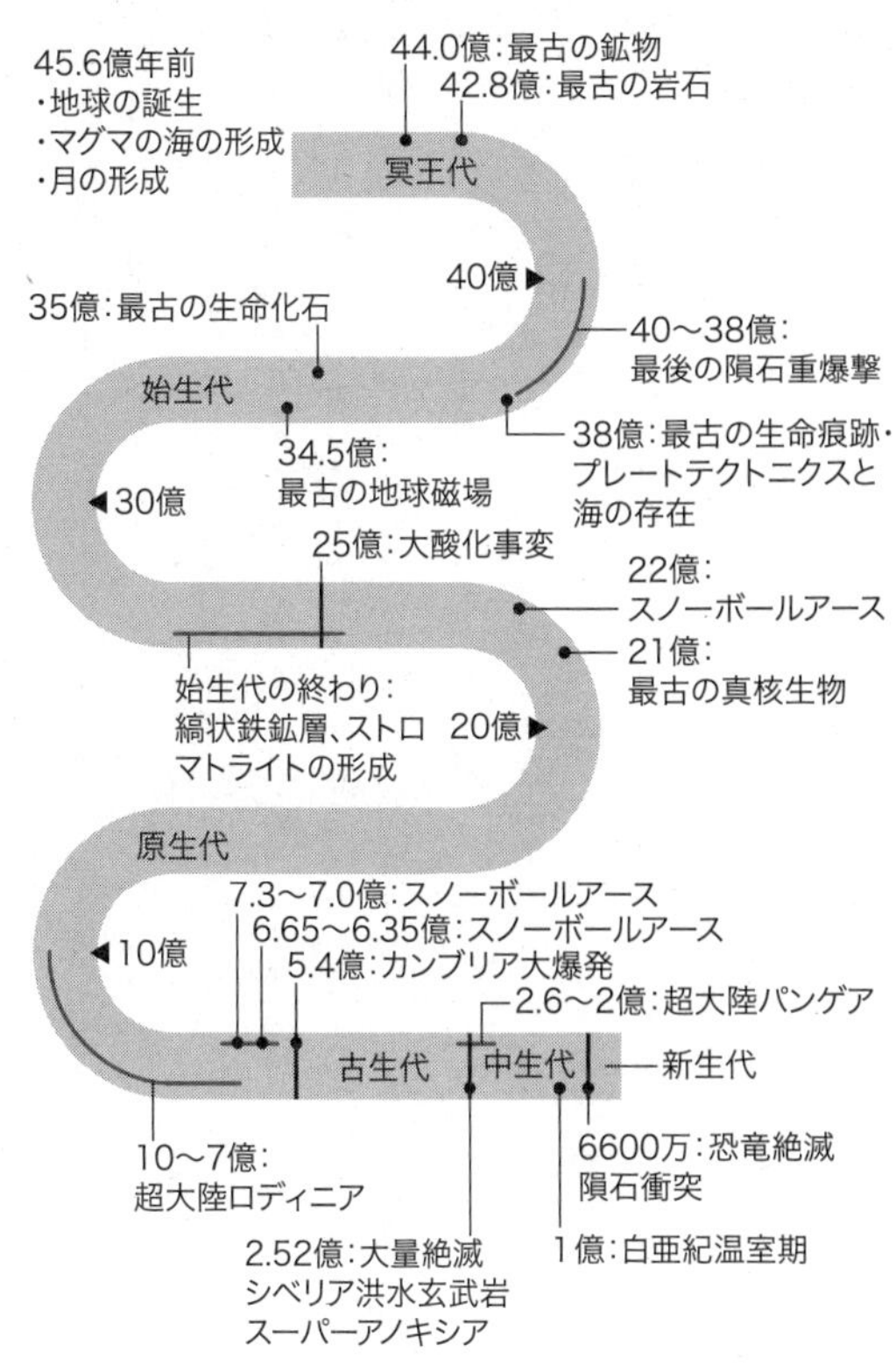

図2－1　地球史における大事件と地質時代
46億年の地球史は、生き物たちに起こった大事件でいくつかの時代に区分されています。地球は、いろんな大事件を経験しながら今の姿になってきました。

さて図2－2を見てください。原始地球ができる時には、もちろん微惑星などに含まれていた水や他の揮発性成分は、衝突した時にガスとして吐き出されてしまいます。でも、原始地球には、これらのガスを引き止めておくだけの引力はありませんでした。ガスは宇宙空間へ散らばっていったことでしょう。

熱もどんどん逃げて行きました。集まってくる微惑星が持つエネルギーは、原始地球にぶつかって熱に変わります。足の上に物を落とすと痛いのと同じです。落ちて行く物体の運動エネルギーが、ぶつかって止まった途端に熱に変わるのです。「エネルギー保存則」です。でも、このようにして発生した熱も、絶対零度に近い周りの宇宙空間へすぐに逃げてしまっていたはずです。

ところが、さらに衝突と合体を繰り返すことによって原始地球が大きな引力を持つようになると、ガスが地球の周りに留まるようになります。「原始大気」の誕生です。大気の形成は、その後の地球の姿を大きく決定づける大事件でした。

大気は主に二酸化炭素と水蒸気でできていました。どちらも「温室効果ガス」です。大気という毛布をまとった地球に降り注ぐ微惑星物質。その衝突によって発する熱はしっかりと閉じ込められて、地球の温度はどんどん上がっていきました。ついに2～3000度もの高温になってしまいました。

このような高温になると、原始地球を作っていた岩石成分は完全に融けてしまいま

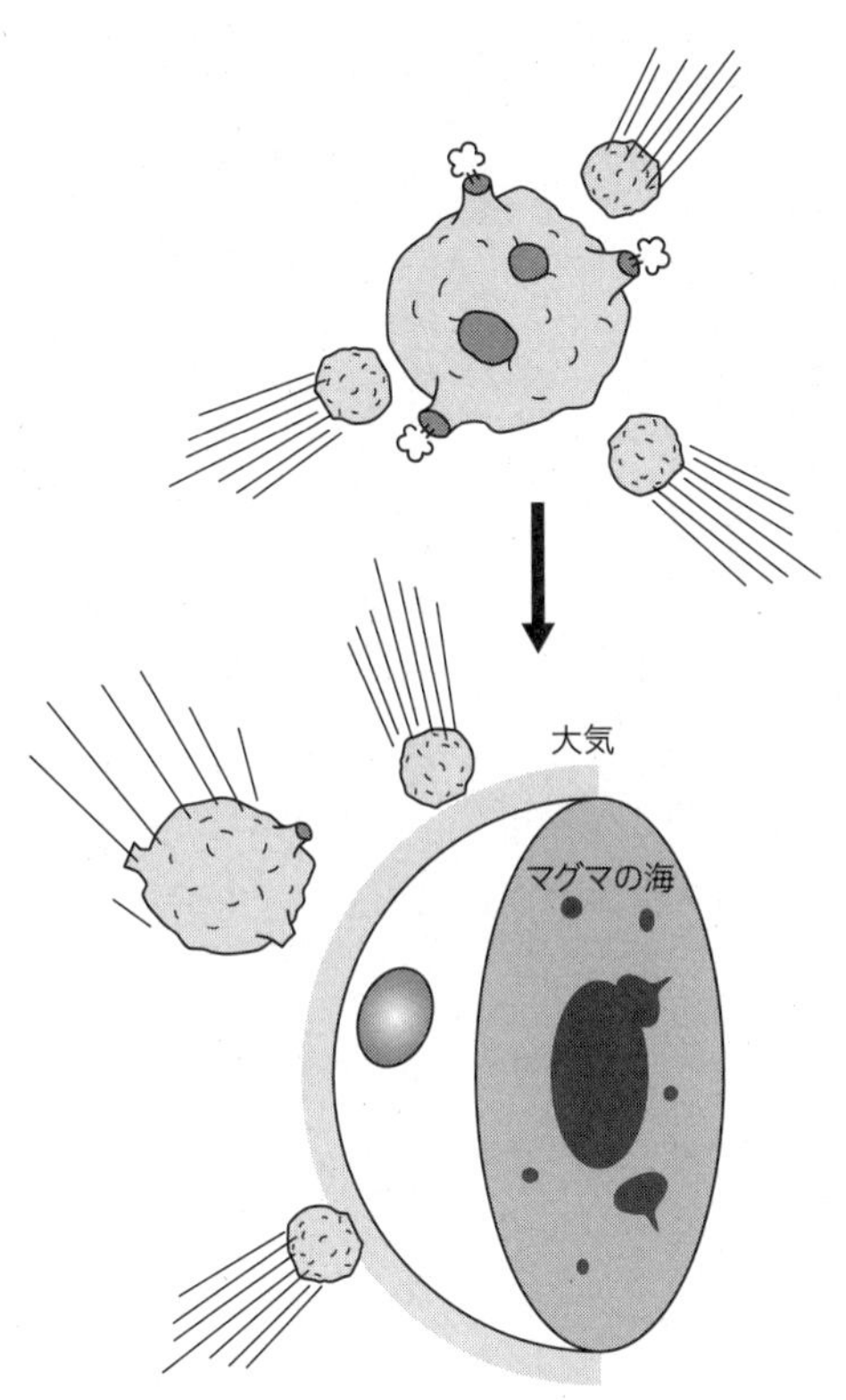

図2－2　微惑星の集積と原始地球の誕生
微惑星が集積するエネルギーは熱に変換されます。大気が無いと熱は宇宙空間に逃げて行きますが、ある程度大きくなった原始地球は大気の毛布を纏うようになります。その結果マグマの海が誕生し、金属が地球の中心に集まり、核となりました。

す。当時の地球にはまだ水の海は存在していませんでしたが、その代わりに、マグマの海、マグマオーシャンが地表を覆っていました。

さて、隕石の中に隕鉄が含まれているのと同じように、微惑星物質にも岩石成分の他に金属成分が含まれていました。マグマの海ができる前は、岩石と金属は渾然一体となって原始地球を作っていました。ところが、岩石成分が融けて液体になると、粘度が急に下がってサラサラの状態になってしまいます。こうなると、岩石より遥かに重い金属成分は、地球の中心めがけてマグマの海の中を落っこちて行ったに違いありません。こうして、地球の中心には金属でできた核が作られたのです。真ん中に重い金属、周りに比較的軽い岩石が層をなしている地球の基本的な構造は、このようにして出来上がりました。

さて、こんなにダイナミックでドラマチックな地球の誕生は、いつ起こったのでしょうか?

そもそもどうしたら、何十億年も前の事件が起こった時期を知ることができるのでしょうか? 私たち地球科学者は、大昔に起こったいろいろな事件の時間関係を知るためにいろんな時計を使います。地層の重なりや化石を調べるのもそんな時計の一つですが、地球の誕生時期を調べる時には「放射壊変」という現象を時計として用いるのが便利です。放射壊変は放射能と密接な繋がりはありますが、この時計は決して危険なものではありません。

「元素」ってもちろん聞いたことありますよね。元素のことをきっちり述べようとすると大変ですがここでは、あの周期表に並んでいる奴だと思っておいてください。

元素の中には、放射線を出して別の元素に変わっていくものがあります。この現象を放射壊変、元の元素を「親元素」、新しくできる元素を「娘元素」と呼びます。ここで重要なポイントは、この放射壊変のスピードは、温度や圧力などの周りの状況に全く影響を受けずに、ひたすら親元素と娘元素が持っている固有の性質で決まっていることです。つまり、ある親元素は完全に一定の割合で、娘元素に変わってゆくのです。この性質を利用して、親元素と娘元素の数を測定することで、岩石のできた年代を求めることができます。

この原理はお解り頂けましたか？　もう一つだけ、理屈っぽい話をさせて下さい。それは、この時計はいつから動き出すか？　ということです。もちろん放射壊変は、超新星の爆発などによって親元素が誕生した時から始まっているのですが、年代測定をすると、親元素と娘元素がある物質の中にしっかり閉じ込められて移動しなくなった時からの時間を知ることができるのです。例えば、融けていた岩石が冷えて固まって固体になった時が、放射壊変時計が動き出す瞬間なのです。

ん？　ドロドロに融けた時ではなく、それが固まった時から時計が動き出す？　何か気がつきませんか？　地球は誕生した直後に、マグマの海となっていたのです。ということは、今の地球に存在している岩石や鉱物の年代を測定したって、マグマの海が固まった年代を示すだけなのです。

いまの所、44億400万年というのが地球最古の鉱物、西オーストラリア州のジャックヒルズと呼ばれる所で見つかったジルコンという鉱物の年代です。岩石としてはカナダのケベック州の岩石について測定された42・8億年というのが、最古の記録です。これらの年代と、よく言われる地球の年齢46億年との間には、1億年以上の違いがあります。この違いこそが、マグマの海が存在したことによる結果なのです。

実は地球の年齢も、その組成と同じように、隕石の力を借りないと解らないのです。隕石は小惑星帯から飛来してくる微惑星の化石です。隕石の年代を測定してやれば、微惑星の形成と集積の年代が解るはずです。後々の熱の影響など、二次的なプロセスを受けていないと思われるような「始源的」な隕石について、いろんな放射壊変時計を使うと、45・6億年という驚くほど一致する年代が求められました。これを、地球誕生の年代と考える訳です。ちょっと悔しいのですが、直接地球の年齢は求めることができないのです。

ジャイアント・インパクトと月の誕生

このようにして、ほぼ出来上がりつつあった地球に、とんでもないことが起こりました。なんと、火星ほどの大きさがある原始惑星「ティア」が地球に衝突したのです（図2－3）。巨大衝突、「ジャイアント・インパクト」と呼ばれる大事件です。

幸いなことに正面衝突ではありませんでした。それでも、ティアが完全に粉々に砕け散り、原始地球も核の一部がえぐり取られるほどの大打撃を食らったようです。粉々になったと書きましたが、実際には衝突によって発生した熱のために、ほとんどの岩石成分はガス化してしまったのです。ガスや金属は、やがて冷えて地球の周りを円盤状に回り始めました。太陽系の中で惑星が作られ始めたときと同じことが起こっていたのです。そして円盤の中では、固体粒子が集積して月が誕生しました。

いまここで紹介した月形成のシナリオは、コンピューターシミュレーションによって描き出されたものですが、その結果によると、月は僅か1カ月から1年という驚異的な速さで集積したそうです。

少し本題からは逸れてしまうのですが、せっかく月の誕生秘話を明かしたのですから、もう少し月の役割について話をしておきましょうか。

まず、地球の自転への影響です。月の引力によって地球には潮汐の変動が生まれます。満潮干潮で代表されるような海の潮汐だけでなく、地球の固体部分も同じように月の引力によって変形しているのです。「地球潮汐」と呼ばれる現象です。そしてこれらの潮汐力は、地球の自転にブレーキをかける役目をしています。

その結果、地球の自転はだんだん遅くなり、その分地球からエネルギーをもらった月はだんだん離れて公転するようになるのです。実際月は、現在でも年間約3センチずつ地球から遠ざかっています。現在月までの距離は約38万キロですが、誕生当時の月は、地球から僅か2万キロの所にあったそうです。また、月が誕生した当時の地球の1日は4時間程度、約6億年前は20時間位だったと言われています。太古の生物は、結構忙しい1日を送っていて、夜になると今よりずっと大きなお月さまを眺めていたのです。

もう一つ、月が担っている大きな役割は、地球の気候を安定化させることです。地球の回転軸は23・4度傾いています。このおかげで、地球には四季があるのです。そしてこの回転軸の傾きは非常に安定しています。過去100万年間で、僅か1度しかずれていません。ところが、もし月が存在しないと、他の太陽系惑星達の引力の影響をもろに受けることになり、カオス的に大きく変動してしまうのです。もしそんなことが起これば、とても安定した四季なんて保たれる訳はありません。ありがたいことです。

さて次の話題は、月の年齢です。ジャイアント・インパクトによって誕生した月に

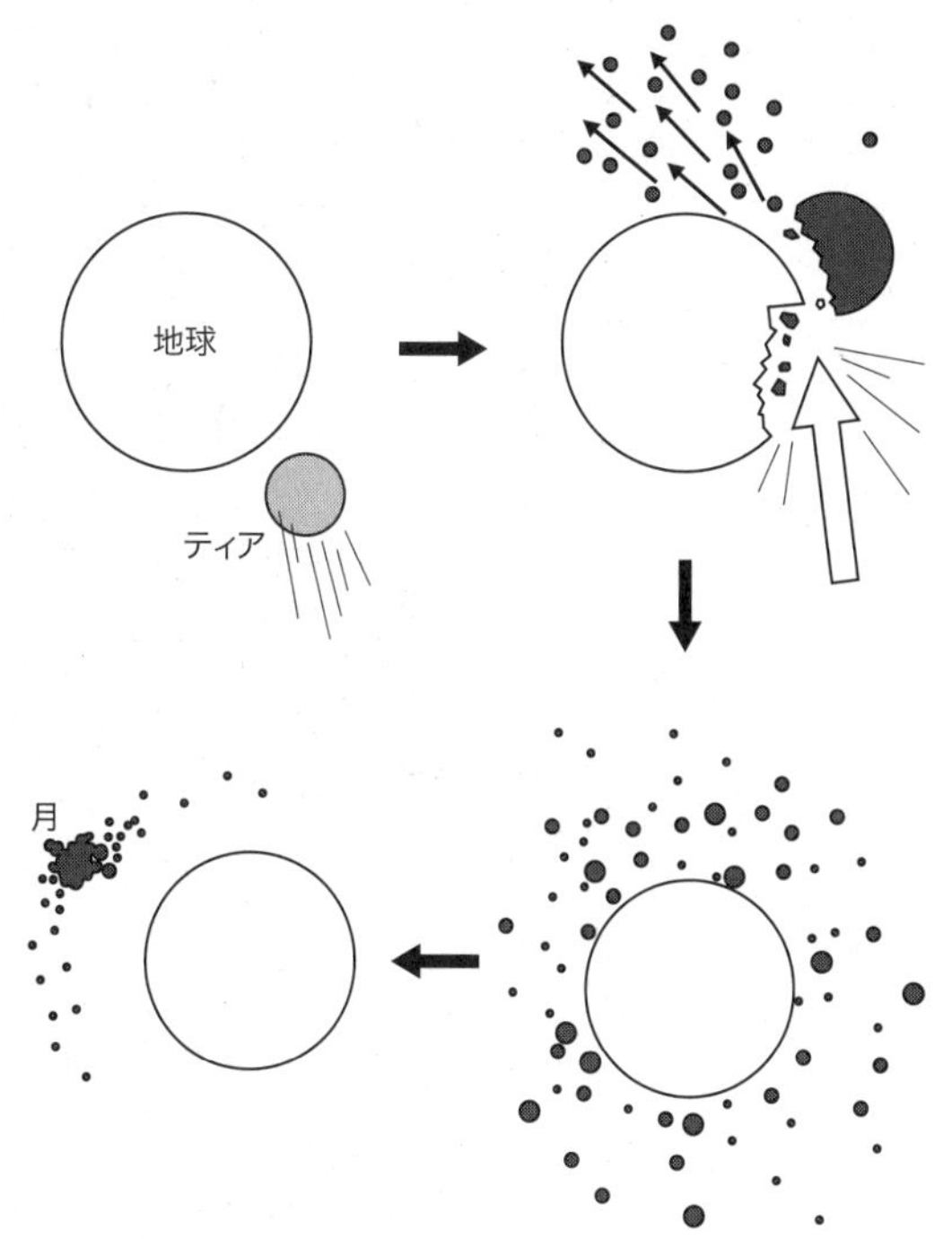

図2-3　ジャイアント・インパクトと月の誕生
地球誕生直後にティアの衝突が起こり、地球を大きくえぐり、ガス化した成分を地球の周りにばらまきました。これらのガスや塵が集積して月となりました。

もマグマオーシャンが存在していました。この海から最初に結晶化したと考えられる岩石や鉱物の年代測定を行うと、45～44億歳の年齢が得られます。したがってジャイアント・インパクトは、地球形成直後に起こったことになります。

月の写真を見ると、無数のクレーターがあります。月には大気が無いために、地球のように隕石（微惑星）が燃え尽きることなく、地表（月表？）に落下してしまうからです。隕石がぶつかると月の表面の岩石は融けてしまいます。一旦融けてその後冷え固まった岩石（溶岩）について放射壊変時計を使うと、いつクレーターができたかを知ることができます。また、クレーターの大きさから、落っこちてきた隕石の大きさ（重さ）を推定することができます。

このようにして調べた年代と隕石落下量を比べると、とても面白いことが解っています。もちろん、微惑星の衝突（集積）は、地球や月の形成後、だんだん減ってきています。太陽系空間を漂っている微惑星が残り少なくなったからでしょう。ところが、40～38億年前の月では、集中的にクレーターが形成されていた、つまりこの時期は、異常に隕石の落下が激しかった期間なのです。当然月だけでなく、地球でも同じように隕石が激しく落下したに違いありません。この事件に対して「重爆撃」という言葉がよく使われますが、本当に大変な時代だったでしょうね。

この重爆撃事件は、地球にも大きな影響を与えたことでしょう。水の海と生命が地球に誕生したことと密接なつながりがあります。このことは、後で触れることにしましょう。ここでは、38億年という、重爆撃が終わった年代を頭に入れておいて下さい。

海の誕生

前の章で述べたように、地球の内部には多量の水があります。それでもやっぱり、海洋の存在は「水惑星」地球の最大の特徴の一つです。そして惑星の表面に液体の水が存在すること。これは奇跡に近いことなのです。

惑星に水が存在するためには、まず太陽（恒星）からの距離が重要です。水は1気圧では0度から100度の温度幅で存在します。これより低温では固体の氷、高温では気体の水蒸気となります。ですから、惑星に海が存在するには表面の温度が水の存在に適していなければなりません。

金星にもかつては水分は存在していたと思われます。しかし、太陽との距離が1・1億キロ。地球と太陽の距離の70％であるために、太陽からの熱輻射エネルギーが非常に大きくなって、水が海として永続的に存在する温度には遂に下がりませんでした。もちろん、もっと太陽に近い水星にも水が存在する可能性はありません。

一方火星はと言えば、火星探査機の観測などによって、かつて液体の水が存在していたことはほぼ確かです。例えば、水が流れることでできる地形や、水が関与しないとできない砂や泥の堆積構造、それに海底熱水鉱床とよばれる海底温泉のようなところで作られた鉱石の存在も確認されています。火星もかつては、れっきとした水惑星だったのです。

しかし、残念なことに火星は地球の10分の1の重さしかありません。従って、大気を引きつけておく引力が弱く、大気は宇宙空間へ逃げて行ってしまったのです。毛布をまとわない火星はどんどん冷えて、液体の水は存在できなくなってしまいました。

さて、地球ではどのようにして液体の水、つまり海が誕生したのでしょうか？

ジャイアント・インパクトによって大打撃を食らった地球も、微惑星や原始惑星の衝突が減ってくると、衝突で熱エネルギーが供給されなくなり、次第に温度は下がっていったと考えられます。するとマグマの海では溶岩湖と同じように結晶化が始まって、表面は固体になったに違いありません。

地球表面の温度が下がってくると、原始大気の中では水蒸気の雲から雨が降り出します。きっと最初のうちは地表へ落ちるまでにまた蒸発して雲になってしまっていたでしょう。しかしやがては、雨が地表へ到達するようになります。こうなれば、どんどん地表や大気の温度は下がっていって、さぞかし激しい豪雨となったでしょう。

最初に降った雨はきっと何百度という高温の雨だったと思います。液体の水は１００度以下じゃあ？　と思われるでしょうが、当時は気圧が１気圧ではなく、おそらく

200気圧を超えていたと考えられるのです。この値は、現在地表にある1・4エクサトンの水が全て水蒸気として存在していたら、と仮定した値です。実際は二酸化炭素もあったので、もっと気圧は高かったでしょうね。圧力が上がると、沸点も上がります。圧力鍋（あつりょくなべ）で調理すると煮物が早くできるのは、圧力鍋の中では熱湯が水蒸気にならずに高温で調理できるからです。これと同じです。

もう一つ、「恐ろしい雨」のお話をしましょう。当時の地球に降った雨は、なんと強烈な「酸性雨」だったのです。

火山ガスを思い出して下さい。火山ガスには二酸化炭素や水蒸気の他に、多量の塩化水素ガスや硫化水素ガスが含まれて、とても危険ですよね。原始地球の大気はまさに火山ガスと同じでした。これらのガス成分が溶け込んだ雨水は、強酸性になってしまうのです。

こんな雨が溜まってできた、地球で最初の海も強酸性だったはずです。しかも高温。秋田県の玉川（たまがわ）温泉、ってご存じですか？　数ある日本の温泉の中でも最も酸性が強くて、PHは1・2と言われています。おおよそですが、10%の塩酸に相当する強さです。しかも温度は98度。まるで原始海洋の化石と言ってもいい代物です。この温泉につかって原始海洋の誕生を思ってみるのも、一興かもしれませんね。

さて、こんな強酸性の雨が降ると、一体地球はどうなったのでしょうか？　当時はもう原始地殻はできていたはずです。マグマオーシャンから冷え固まった岩石です。そこに強酸性の雨が降るのです。当然酸に弱い成分、例えばナトリウムやマグネシウム、カルシウム、カリウムなどがどんどん溶け出していきます。さて、雨に含まれる主要な酸の一つは塩酸 HC*l* です。これが例えばナトリウムを溶かすと「中和」反応がおきて、NaC*l* になります。そう、塩です。同じようにマグネシウムを溶かして中和すると、お豆腐を固める「にがり」を作ります。

海水がしょっぱいのは、原始地球を襲った酸性豪雨ができたての岩石をどんどん溶かして、最初は酸性だった海を中和した結果なのです。

さてさて、お決まりの誕生時期について触れておきましょう。

地球最古の鉱物の話を先ほどしました。44億4００万年前のジルコンでした。このジルコンに含まれる酸素の特性を調べてやると、どうやら低い温度の水、つまり液体の水と酸素のやり取りをしたらしいのです。つまり、この時代にすでに、地球上には液体の水が存在していたというのです。確かに当時に水は存在したかも知れませんが、それが持続的な海であったかどうかは、はなはだ疑わしいと私は思います。だって、地球はこのあと4億年たって、隕石の重爆撃をくらうのです。さきほど、覚えておいて下さいね、ってお願いした事件です。重爆撃を受けた地球では当然マグマオーシャンは復活して、一部にできかけていた海も蒸発してしまったに違いありません。

これに対して、比較的多くの研究者が、「最古の大洋」の証拠だと認めている地層が、グリーンランドのイスアという所にあります。38億年前に堆積した「付加体」と呼ばれる地層群です。付加体とは大きな海の下にあった海洋プレートの表層の物質や海溝に溜まった堆積物が、ペタペタと沈み込み帯の陸地にくっついてできたものです。即ち、38億年前の地球には、大きな、そして深い海が存在していたのです。しかもこの時期は、おおよそ隕石の重爆撃期の最後に当たります。この後は、地球は一方的に冷えていって、そのために持続的に液体の水、海洋が存在していたと考えることができます。

つまり、イスアで見つかった付加体という地層は、海洋プレート物質が沈み込み帯の陸地にくっついた、言い換えるとまさにプレートテクトニクスの化石のようなものです。イスアの地層は、38億年前の海とプレートテクトニクスの存在を示す、とても重要なモニュメントと言えるでしょう（図2−1）。

大陸の誕生——海で生まれて合体する大陸

38億年前には、既に地球には海が存在していました。そして、プレートテクトニクスも作動していて、海洋プレートは沈み込み帯でマントルの中へ入り込んでいました。

そこでは、今の日本列島のように活発な火山活動が起こっていたに違いありません。そう、海洋プレートが沈み込むとマグマが作られるのです。

大陸地殻は太陽系惑星の中で地球だけに存在するものです。「水惑星」という言葉は地球を表す時によく使われます。しかし一方で、地球は「陸惑星」でもあるのです。この特徴的な大陸を作り出しているのが、沈み込み帯でのマグマ活動です。

このことは、私たちの研究グループが10年かけて調べてきた成果を２００８年に論文として発表したものです。エアガンで人工地震を起こしながら受信機をつけた５０００メートルケーブルを曳航（えいこう）して地震波を観測したり、数百台の海底地震計を使って地殻からマントルにかけてＣＴスキャンをかけたのです。これらの装置は世界でもトップクラスの性能を持っています。また、「しんかい６５００」などで海底へ潜って、直接岩石を採取することもありました。

大陸誕生の謎解きとなった舞台は、伊豆半島から南へ延びる火山列島、伊豆・小笠原・マリアナ諸島です。ここには、太平洋プレートが沈み込んでいます。プレートが沈み込んでいる所では、日本列島もそうですが、弓なりになって火山ができたり地層が発達したりします。この形を表すのに、例えば、東北日本弧や伊豆・小笠原・マリアナ弧、というように「弧（arc）」という単語が使われます。

伊豆・小笠原・マリアナ弧というのも長ったらしくていけません。小笠原は英語ではBonin と呼ばれているので、三つの頭文字をとって、「ＩＢＭ弧」と呼ぶことにしました。なんだか世界の巨人と呼ばれる某企業みたいでしょう？

ところで、ＩＢＭ弧のような海の真ん中にある沈み込み帯の火山活動では、例えば伊豆大島のように二酸化ケイ素成分が50％くらいの玄武岩の活動が活発です。ですから、火山の下にある地殻も、ＩＢＭ弧では玄武岩質だと思われてきました。一方で東北日本やアンデスのような大陸やその周辺の沈み込み帯では、安山岩が主体です。そうそう、安山岩（andesite の当字です）の名前は、アンデスに由来します。アンデス石ですね。

ところが、ＩＢＭ弧に地震波CTスキャンをかけてみると、なんと立派な大陸地殻が作られつつあることが解ったのです。私たちはこのことを、「海で生まれる大陸」と表現しました。まるで禅問答のような言い回しです。

私たちが海の中にあるＩＢＭ弧で大陸が成長しつつある、と確信した理由は、その構造です（図2－4）。CTスキャンでみると、典型的な大陸地殻と同じ6キロ／秒程度でP波が伝わる中部地殻が、延々と続いていました。明らかに玄武岩質の地殻ではありません。さらに、地殻を作っている岩石を調べると、閃緑岩（せんりょくがん）と言われる安山岩質、つまり二酸化ケイ素成分が60％程度の深成岩（しんせいがん）がたくさん採取できました。中には、断層に沿って地殻の深部が海底に露出している所もあるのですが、その部分は閃緑岩で

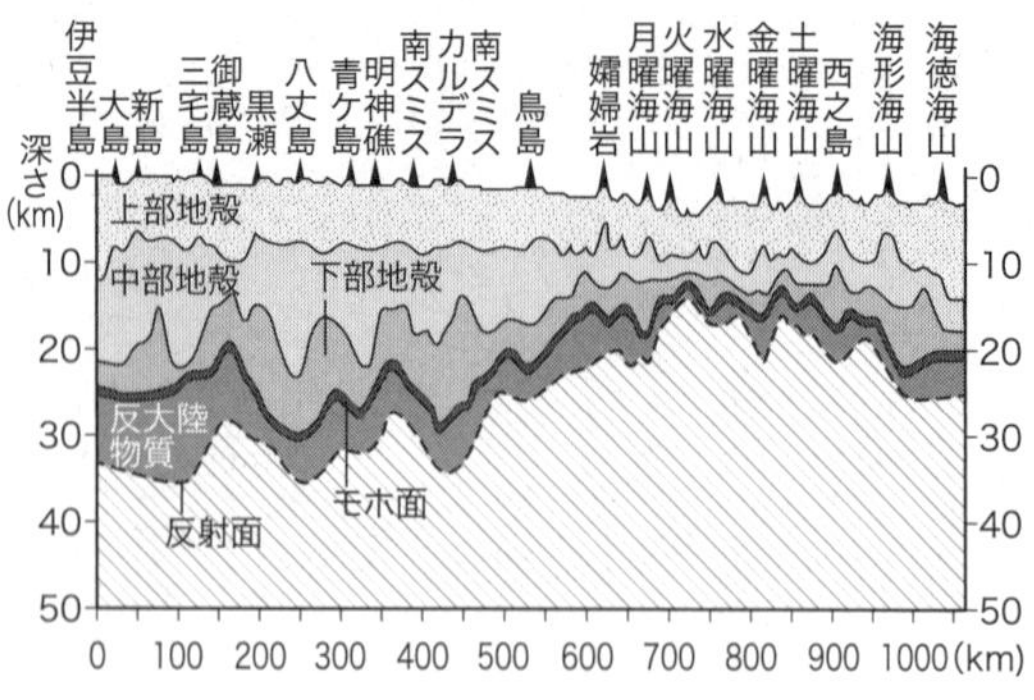

図２－４　ＩＢＭ弧の火山島と地殻・マントル構造
主に玄武岩溶岩を噴出する火山が並ぶＩＢＭ弧の地下では、大陸地殻に相当する中部地殻や反大陸物質が存在しています。まさに大陸が作られている現場なのです。

できていました。ＩＢＭ弧に大陸地殻が存在していることは間違いありません。

　ここで、とっても重要なことをお話ししておきます。それはＩＢＭ弧では大陸地殻と同時に、「反大陸」も作り出しているということです。なんか物理学で言う反物質のようで、ちょっとかっこいい名前でしょう？安山岩組成の大陸地殻を作るには、プレートの沈み込みで最初にできた玄武岩質の地殻をもう一度融かす必要があります。こうして二酸化ケイ素の割合を増やすのです。ということは、大陸地殻を作った時には、融け残り物質ができるはずです。これが反大陸です。

もしこのようなことが起こっているならば、ＩＢＭ弧では、大陸地殻と同時に反大陸物質が作られていることになります。私たちは地震波によるＣＴスキャンの画像をもう一度見直してみました。すると、ＩＢＭ弧の地殻の下には、べったりと反大陸物質が存在していたのです（図２－４）。これまで多くの研究者が、なんか変な層が地殻の下にくっついていることは気がついていました。その正体が、解ったのです。

先ほども言ったように、大陸周辺の沈み込み帯では、安山岩質の火山活動が盛んです。また、大陸地殻は全体として安山岩質の組成を持っています。この二つの事実から、大陸地殻は沈み込み帯、特に大陸周辺の沈み込み帯で作られると、何となく思われてきました。でも、これって変でしょう？　大陸で大陸地殻が作られる、って訳が解りません。自分の足を食べてもタコはきっと大きくはなれないでしょうから、このメカニズムで大陸を成長させることはできません。

ＩＢＭ弧の調査は、こんな矛盾を一挙に解決することに成功しました。きっと創生期の地球では、プレートテクトニクスが動き出して、沈み込み帯のマグマ活動によって大陸地殻が誕生したはずです。図２－５にその想像図を書いてみました。当時の地球は今よりずっと高温で、マントル対流が盛んであったに違いありません。温度が高いと小さな対流の渦が一杯できるので、沈み込み帯も今よりずっとたくさんあったと考えられます。そのような海の中の沈み込み帯で、現在のＩＢＭ弧のように大陸地殻が作られていったのです。

大陸は、「大きい陸」と書きます。つまり、図2－5のように大陸地殻がバラバラと沈み込み帯でできても、まだ大陸とは言えません。このような小さな大陸地殻（小陸？）が合体して集まらないといけません。実は、この合体のプロセスもＩＢＭ弧で見ることができるのです。このことは後の章で詳しくお話しすることにしますので、ここでは大陸の誕生には、合体が必要であることをご理解下さい。

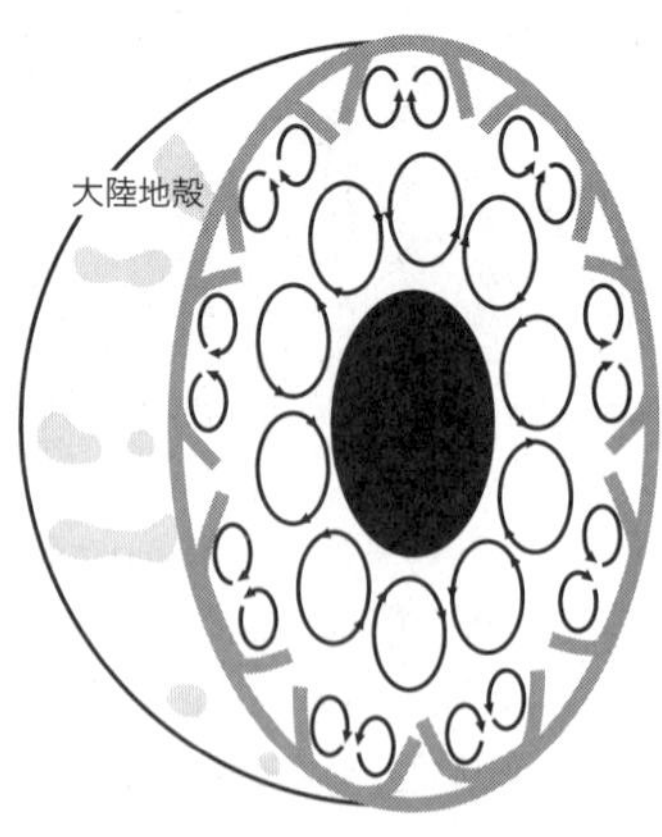

図2－5　初期地球における大陸の形成
現在よりも高温であった初期地球では、規模の小さい対流が活発に起きていました。そのためにあちらこちらの沈み込み帯で小さい大陸が作られ、これらが合体して現在のような立派な大陸ができたと考えられます。

地球で大陸地殻が沈み込み帯で活発に作られるようになったのは、プレートテクトニクスが始まった38億年前に違いありません。

ただ、ずっと同じようなペースで大陸が成長してきた訳ではなさそうです。現存する大陸地殻やそれが削られてできる砂の中の鉱物を、放射壊変時計を用いて分析すると、25~5億年前までの間に数回、非常に活発に大陸地殻が形成されてきたことが解ってきました。まだ原因はよく解っていませんが、何らかの要因で、ある時期にプレートの沈み込みが盛んであった可能性があります。

生命の誕生

私は「生物音痴」です。学会や会議でも、大きい生物は別としていろんな小さい生物たちをまとめて「虫」と呼んだりするので、生物学者達によく叱られます。そんな調子ですから、惑星地球のスターのような生命の活動や、その誕生を語る資格が私にあるはずもありません。しかし、地球の進化を語る上で、この項目を外す訳にはいかないのです。詳しいことは専門家に任せるとして、私が知っている限りのことを述べておくことにしましょう。

私が学生の頃は、生物の分類と言えば、界・門・綱(こう)・目(もく)・科・属・種(しゅ)というように細分されていくと習ったのですが、現代生物学では、これらの更に上位に三つの「ドメイン（領域）」が設定されています。つまり生物は大きく分けると、真正細菌（バクテリア）、古細菌（アーキア）、真核生物（ユーカリア）に分類できるというのです。私たち動物は真核生物の一種です。

　ところで、現時点で地球最古の生命の痕跡とおぼしきものは、39～38億年前の地層や岩石から見つかっています。一つは先ほども述べたグリーンランドのイスア、そしてもう一つはカナダ北東部にある北ラブラドル地域です。これらの地層や岩石の中には炭素鉱物であるグラファイト（石墨）が含まれているのですが、その炭素は、生命活動によって作られた炭素とよく似た特性を持っている、というのです。この特性を「軽い炭素」とでも呼んでおきましょう。確かに持続的な水の存在も始まっていたのですから、生命活動があっても不思議ではありません。ただ、これらの生命の痕跡の証拠に関しては、まだまだ生命科学者の中でも論争が続いています。

　一方で最古の生命の化石については、西オーストラリア、ピルバラ地方の地層が、地球最古の生命ハンターたちの戦場となっています。イスアよりも少し若い、約35億年前の地層です。私も１９９０年に、そんなハンターの一人ウォルター博士とこの地を訪れました。まるで灼熱地獄のような岩石砂漠です。なのに地名はノースポール（北極）。ギャグとしか思えない命名です。

　ウォルターさんは、現地で「これが化石の作る地層だよ」とか、研究室に戻って顕

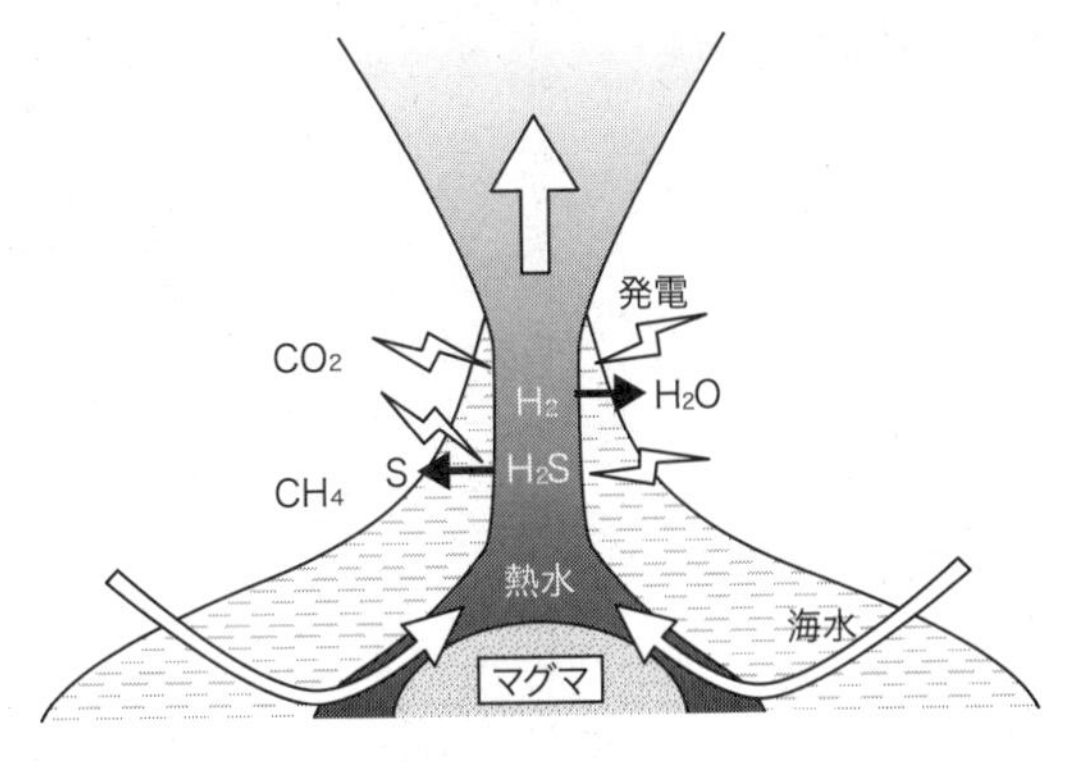

図2－6　海底熱水噴出孔の活動
マグマに熱せられた海水が噴き出す海底熱水噴出孔では、さまざまな化学反応が起きてメタンやエネルギーを生み出すために、地球最初の生命誕生の場となったとも言われています。

微鏡で「これが地球最古の生命化石だよ」とか、親切に教えてくれました。でも生物音痴の私には、なんとなくそんな形かな、くらいにしか解りません。専門家の間でも、生物の化石なのか、それともそのように見えるだけなのか、大論争があったのですが、どうやら最近は最古の化石として認められているようです。

地球最古の生命は一体どんな場所で芽生えたのでしょうか？　生命が発生するには、水と有機物が存在して、生き物が活動するためのエネルギーが安定して供給されることが必要です。現在のところ地球で最初に生命が発生した場所は、海底で熱水（温泉）が噴出している「海底熱水噴出孔」(図2－6)だと考える研究者が多いようです。

海洋底が拡大している場所では、その隙間を埋めるようにマントル物質が上昇してマグマが定常的に発生して、新しい海洋底が作られています。この場所では海底へと浸み込んだ海水が高温のマグマによって熱せられ、さらにマグマからのガス成分を取り込むことで熱水が発生して上昇してきます。この上昇過程ではいろんな反応が起こるのですが、重要なのは熱水の成分が酸化することで電子が放出されることです。つまり、熱水噴出孔は発電所の役割をしていて、熱水の熱と併せて、生命活動に必要なエネルギーを供給しているのです。さらに熱水噴出孔では、海水に多量に含まれる二酸化炭素が熱水と反応することで、メタンなど生命に必要な有機物が作られます。

このように、海底熱水噴出孔は生命誕生に必要な条件を満足する、特別な場所なのです。

地球磁場の誕生

地球は巨大な磁石です。自転軸とは少しずれていますが、北極と南極の近くに磁極があります。この地磁気または地球磁場のおかげで、私たちは磁石を使って北と南を知ることができるのです。

もちろん、地球磁場の役割は、方位を示すだけではありません。その最も重要な役

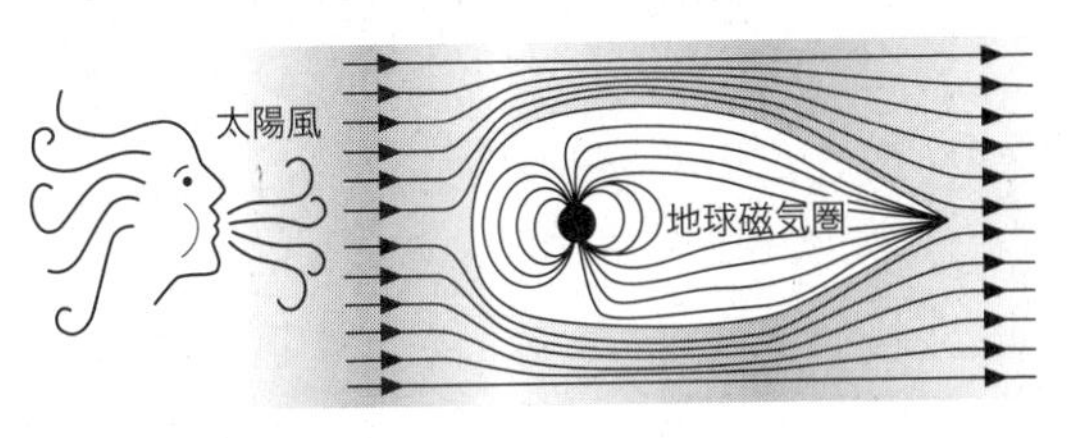

図2－7　地球磁場の役割
太陽から秒速300キロ以上のスピードで放射される太陽風。こんなプラズマ流をまともに受けたらたまったものではありません。しかし、地球磁場がこのプラズマの侵入から私たちを守ってくれているのです。一方で、ときどき極域から迷い込んだ太陽風は、オーロラを発生させてくれています。

割の一つは、地球を太陽風の襲来から守っていることです（図2－7）。太陽からは、秒速300〜500キロの超高速で、荷電粒子、プラズマが流れ出しています。彗星が尾を持つのもこの太陽風の影響です。こんなプラズマ流を直接浴び続けたら、きっと生命は存亡の危機に立たされてしまいます。さらに、太陽風はそのエネルギーで惑星の大気をはぎ取ってしまうのですが、これを防いでいるのも地球磁場です。地球磁場のおかげで、太陽風は地球の磁気圏より中へ入ることができないのです。もっとも太陽風は、時々極域から迷い込むことがあって、それが大気と反応してオーロラを生み出しています。

つまり、もし地球に磁場が存在しなければ、現在の大気圏や生物圏は成立していなかったでしょう。後で述べるように地球磁場は地球最古の生命が誕生した後でき上がったものです。最古の生命が深海底で誕生した理由は、そこが太陽風の影響をあまり受けなかったからかもしれません。

では、この地球磁場はどのようにして作られているのでしょう？　決して地球の中に棒磁石が入っている訳ではありません。地球磁場の原動力は、液体の鉄合金、外核にあります。

外核は、マントルに比べるとずっと粘度が低いので、結構なスピードで対流しています。時速1メートルというところでしょうか。対流を起こす最も大きな原動力は、内核が結晶化する際に発する凝固熱です。凝固熱とは耳慣れない言葉かもしれませんが、融解熱と同じです。一度実際に台所で試して頂きたいのですが、例えば水温20度の水100グラムと0度の氷100グラムを混ぜて下さい。氷が融けた時に、20度と0度の平均、10度の水200グラムになっているでしょうか？　実験結果はほぼ0度になっているはずです。こんなことが起こるのは、物質を溶かすには熱が必要だからです。これが融解熱。逆に液体から固体になる時には熱を放出します。これが凝固熱です。外核は、下から凝固熱で温められているのです。

外核では、もう一つ流れを作る力が働きます。地球の自転が生み出す力、「コリオリ力」です。この力は、日本を襲う台風の雲が左回りになっている原因です。

対流とコリオリの力で外核の鉄が回転すると、電流が流れて電磁石が作られて、磁場が生まれます。このような現象を「地球ダイナモ」と呼びます。ダイナモは発電機という意味です。

今の地球磁場の様子は、いろんな方法で観測することができます。では、過去の地球磁場はどうすれば解るのでしょう？　石や地層の中には磁鉄鉱と呼ばれる鉱物など、磁石の性質を示すものが含まれます。これらの鉱物が、岩石や地層ができた時の地球磁場の方向と強さを記録している場合があります。いわば、地球磁場の化石です。

地球中心核と生命の進化、これら両方に重要な情報を与えてくれる初期地球の地磁気の解析。ワクワクするような研究テーマですよね。今の所、最古の地球磁場を記録している岩石は、34・5億年前の南アフリカ、バーバートンという所にある礫岩(れきがん)です。このときの地球磁場の強さは今の半分から4分の3程度。30〜25億年前頃になると、ほぼ現在と同じ程度の地球磁場があったと言われています。このような磁場強度の変化は、固体の内核が成長することと関係がありそうなのですが、このことはまだ理論的によく解っていません。

もちろんもっと古い時代の岩石や鉱物に対する研究も行われています。先ほどから何度も出てきている38億年前のイスアの地層や、40億年以上前に作られた岩石や鉱物についても、地球磁場の検出が試みられています。最近になって、産業総合研究所が、西オーストラリア州のジャックヒルズの42億年前にできたジルコンを調べたところ、ほぼ現在と同じ強さの磁場が記録されていたと発表しました。まだまだ確定的とは言えないようですが、今後も最古の磁場記録の研究は続いていくことでしょう。

大酸化事変

現在の地球大気（空気）には約20％の酸素が含まれていて、私たち「呼吸」する生き物にとってはまさに命の綱です。しかし誕生から10～15億年の間の原始地球大気は、他の惑星と同じように酸素は殆ど含まれていませんでした。二酸化炭素主体の大気だったのです。

しかし、30億年くらい前から状況は変わり始めました。「縞状鉄鉱層」「ストロマトライト」などの特徴的な地層が、海底に堆積するようになりました。

縞状鉄鉱層は鉄鉱石の鉱山となっているものです。例えば日本にとって最大の鉄鉱石輸入先はオーストラリアですが、この鉄鉱石は西オーストラリアに広く分布する縞状鉄鉱層から採取されたものです。

この地層の鉄は、もともと、地表から酸性雨によって溶かし出されて海へ運ばれたものや、海底熱水活動で地下から供給されたものです。これらの鉄は、最初のうちは鉄イオンとして原始海洋に溶け込んでいました。ところがある時に一気に酸化鉄となり、それが堆積したものが縞状鉄鉱層です。つまりこの地層は、海水中に酸素が急激に増えたことを示しているのです。

では、この酸素はどうやって作られたのでしょうか？

その謎を解く鍵（かぎ）が、ストロマトライトです。これは、真正細菌の一種であるシアノバクテリアのコロニーの名残です。ネギ坊主のような形と、縞模様が特徴的です。現在の地球でも、例えば西オーストラリアのシャークベイなどで、ストロマトライトが作られているのを見ることができます。

ここで重要なことは、このシアノバクテリアが海中で「光合成」を行うことです（図2－8）。光合成は、太陽エネルギーを使って二酸化炭素と水から炭水化物を作り出し、その結果酸素を放出する反応です。金魚鉢に入れた藻が、日光を受けて酸素のアブクを出すのと全く同じです。

約30億年前、海の中で活動を始めたシアノバクテリアは、そのエネルギー効率のよさから、どんどん繁栄していきました。すると、この生命活動によって放出された酸素は海の中に充満するようになり、鉄イオンを酸化して縞状鉄鉱層として堆積させたのです。

海洋と大気は、活発にやりとりをしています。シアノバクテリアが必要とする二酸化炭素は、大気から海洋へどんどん供給されました。逆に、海の中に充満した酸素は

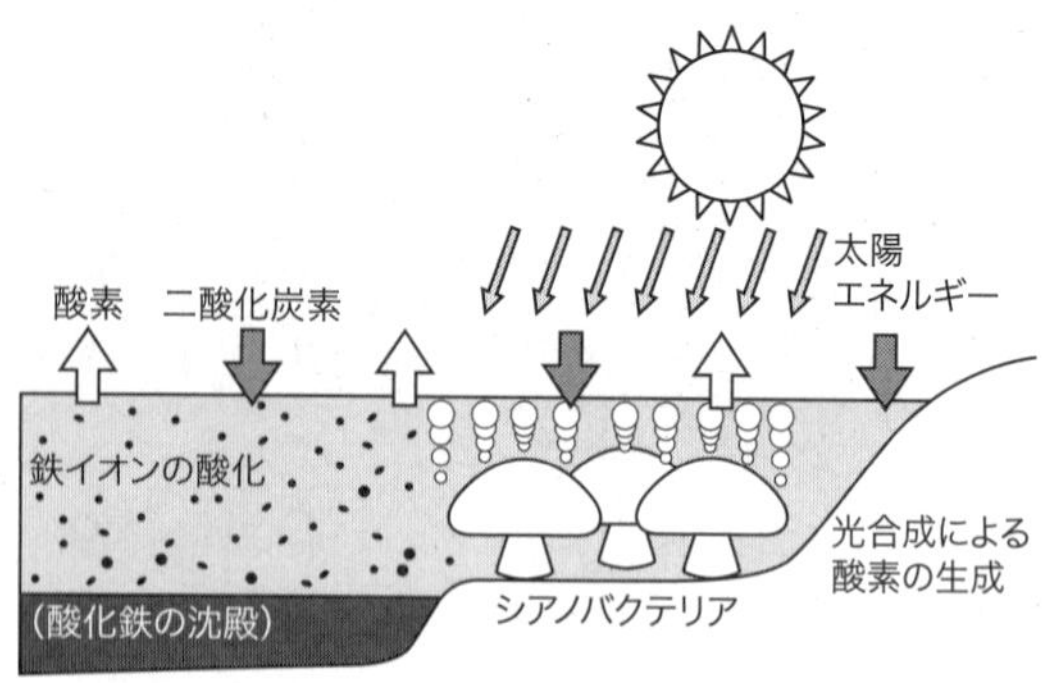

図2－8　シアノバクテリアの光合成と大酸化事変
還元的な海洋に多量に溶け込んでいた鉄イオンは、光合成生物シアノバクテリアの作った酸素で酸化されて鉄鉱層として沈殿しました。シアノバクテリアの消費する二酸化炭素は大気からどんどん持ち込まれ、大気は酸素が多く二酸化炭素が少なくなっていきました。

大気へと移動して行ったはずです。このシアノバクテリアの活動は、縞状鉄鉱層を作っただけでなく、地球大気の組成を根本的に変えてしまったのです。地球が生命を育み、生命活動が地球を進化させる……。「地球と生命の共進化」とよばれる現象の代表的な例でしょう。こうして地球上で「大酸化事変」が起きたのです。今から約25億年前のことです。そしてこの時が、「原生代」の始まりとされています（図2－1）。

　でもこの地球の大酸化は、それまで我が世の春を謳歌していた生物にとっては、迷惑な話でした。というより、彼らにとってみれば酸素は「毒」であり、存亡の危機にさらされることになったのです。

ある者たちは、光も届かない、酸素もない地中へ逃げ込むことで、難から逃れようとしました。そして彼ら独自のワールド、「地下生物圏」を作っていったのです。今でも海底の地下には、彼らの子孫である古細菌アーキアがうようよと生息しています。

一方で、もっと強かに生命活動を続けようとした者たちもいました。酸素を毒としない好気性の細菌を体内に取り込み、酸素呼吸を行ったのです。「ミトコンドリア」と呼ばれる器官です。また、大切な情報を持つDNAを、酸素を遮断する膜で覆ってしまうという術(すべ)も身につけました。「真核生物」の誕生です。動物、植物、菌類、原生生物などの共通の祖先が発生した瞬間です。約21億年前のことです。

スノーボールアースとカンブリア大爆発

原生代の終わりには、地球上のいたるところで、特徴的な地層が堆積しました。その一つは、非常に細かい泥が規則正しく積み重なっている地層の中に、ときには10センチを超えるような礫(れき)が入っているものです。泥岩(でいがん)はあまり物質が供給されない静かな環境で溜まったもの。一方礫は、一般には強い水の流れの作用が必要です。この二つが一緒に堆積しているのはどうにも変です。実はこの地層は、氷河の先端付近で泥が静々と溜まっていた所へ、氷河が運んできた礫が落っこちたためにできた堆積物、つまり氷床（巨大氷河）の存在を示すものなのです。同時に礫には、氷河が強い力で岩石を削ったり傷つけたりした「擦痕（さっこん）」も見つかります。

さきほど、古い時代の地球磁場の様子が、岩石に記録されていると言いました。現在の地球でもそうですが、磁極では磁石はほぼ垂直に、赤道上ではほぼ水平になります。これを「伏角（ふっかく）」といいます。つまり、岩石に残された地球磁場の化石について伏角を求めると、当時の緯度が解るのです。この方法で、原生代終わりに堆積した氷河堆積物を調べてやると、なんとこれらには赤道付近でできたものもあることが解りました。そう、この時代には赤道付近でも氷河ができる気候だった、つまり地球全体が氷河にすっぽり覆われていたのです。1990年代初めにこの大事件に気がついた米国カリフォルニア工科大学のカーシュビング博士は、「スノーボールアース（雪玉地球）」という、巧い名前をつけました（図2－9）。

その後、原生代の終わりには2度スノーボールアースがあったことも解ってきました。1度目が7億3000万年前から7億年前まで、2度目が6億6500万年から6億3500万年前です。さらに、原生代初期、22億年前にも地球全体が凍結していたことも明らかになりました。

これらのスノーボールアースの証拠を示す堆積物には重要な特徴があります。それは先ほどから話題にした氷河堆積物のすぐ上に、炭酸カルシウムや炭酸マグネシウム

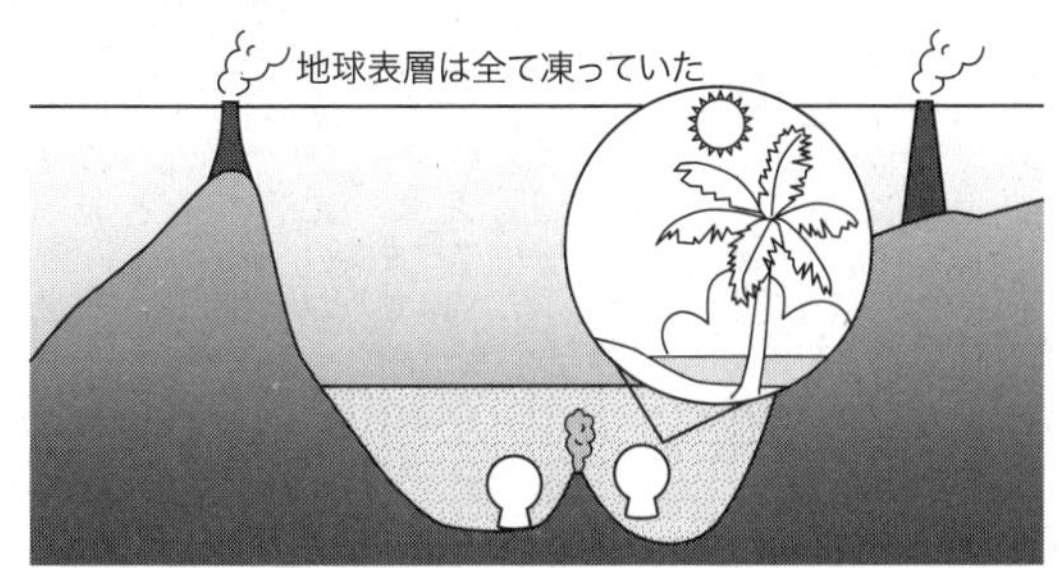

図2－9　原生代末期に起こったスノーボールアースと生命たち
原生代の終わりには、超大陸ロディニアでの風化が原因で大気中の二酸化炭素量が減少し、寒冷化が進みました。やがて地表は全て氷床で覆われて凍りついてしまいました。しかし、深海底の熱水域では生命は暖かい地球の到来を待ちながら、強かに生き延びていたのです。やがて火山活動などで放出されていた二酸化炭素などが地球を温めて、スノーボールアースは終焉を迎えます。

などの炭酸塩が溜まっていることです。このような炭酸塩堆積物は、現在の地球では熱帯から亜熱帯にだけ形成されます。つまり、全球凍結という極寒状態が一瞬にして超温暖な気候へと変化したのです。温室効果ガスである二酸化炭素が海洋、そして大気に急増して温暖化が進み、スノーボールアースが終焉(しゅうえん)を迎えたと考えられます。

　ここで、地球表層の温度がなぜ一定に保たれているのかを少し考えてみましょう。私たちの太陽からふりそそぐ日光。これが地表を温める最大のエネルギーです。地表に達する大陽エネルギーは、たった1時間で全世界の年間消費エネルギー量に匹敵する莫大な量です。ソーラーエネルギーって、凄いですね。これに比べれば、地球内部からもたらされる地熱エネルギーなど、0・01%しかありません。

太陽エネルギーの3割程度は地表に届くまでに反射されてしまいますが、7割程度が地表や大気に吸収されます。このエネルギーもやがては大気を通して再び宇宙空間へ放出されています。

この過程に大きな影響を与えるのが「温室効果ガス」です。火山活動などによって二酸化炭素などが大気中に増えると熱が宇宙空間へ放出されにくくなり、地球表層の温度が上がってしまいます。一方で、気温が上昇すると地表では岩石の風化が盛んになり、カルシウムやマグネシウムなどの金属イオンが大量に海へ運ばれます。これらのイオンは、二酸化炭素と結合して炭酸塩堆積物が大量につくられます。このとき使われる二酸化炭素は大気から供給されるので、その結果大気中の二酸化炭素濃度は減少し、寒冷化に向かいます。このようにして、地表の温度は微妙なバランスでコントロールされているのです。

さて、原生代の終わり頃、今から10億年ほど前には、「ロディニア」と呼ばれる巨大な大陸が、赤道付近に存在していました。この赤道域の大陸表層で起こった活発な風化作用と二酸化炭素の減少が寒冷化の引き金でした。岩石に含まれていたイオンと二酸化炭素が結合して、大量の炭酸塩鉱物が堆積したのです。一旦寒冷化が進みだすと、白い氷床の増加は太陽エネルギーの反射を高めます。このようにして、暴走した寒冷化はどんどん進むことになります。

スノーボールアースでは、殆どの生命活動は停止したにちがいありません。化石としての証拠はあまり残っていないのですが、おそらく相当の種類が絶滅したことでしょう。でも、生命は強かです。凍結を免れた深海底の熱水活動域では、次にやってくる温暖な時代を夢見てじっと耐え忍ぶ生命がいたに違いありません（図2－9）。

そしてこの時期でも、火山活動は続いています。やがて、このように地球内部から供給される二酸化炭素はじわじわと温室効果を発揮して気温を上げて行きます。こうしてスノーボールアースは終焉を迎えて、大量の炭酸塩が堆積する温暖な環境へと急変しました。

すると、それまで息をひそめるように耐えていた生命達は、堰（せき）を切ったようにその活動を活発化させました。今から5億4000万年前の「カンブリア大爆発」と呼ばれる事件です。これ以降の時代は、生命活動が顕著に認められるので、「顕生代（けんせいだい）」と呼ばれます。その最初がカンブリア紀で始まる「古生代（こせいだい）」です。

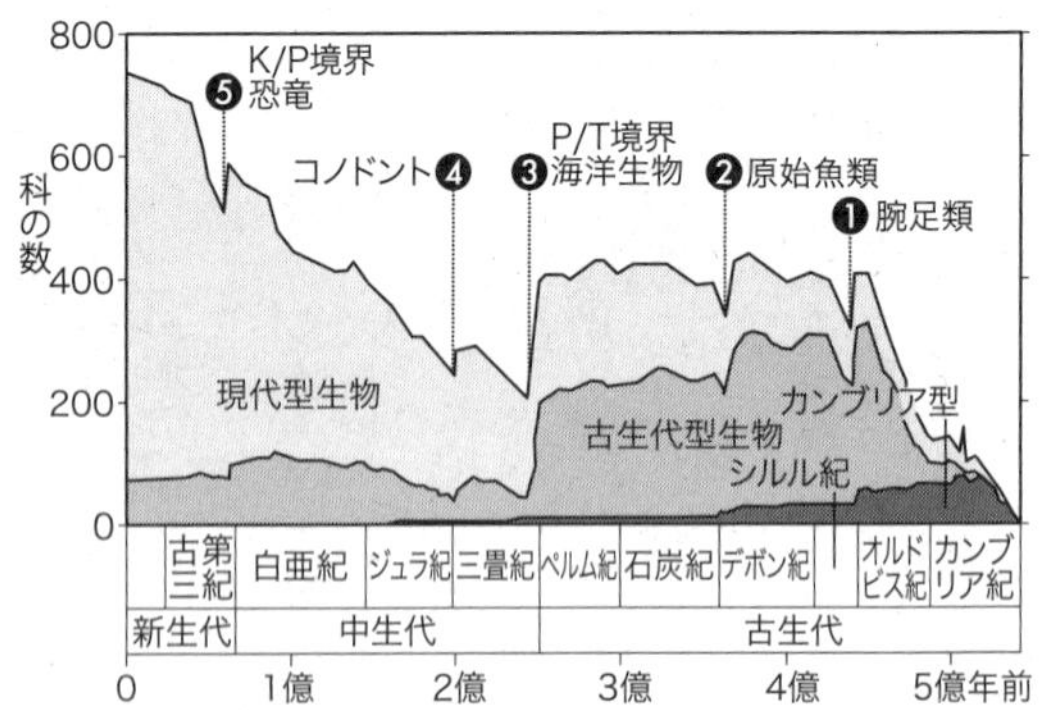

図2－10　地球史上に起きた大量絶滅事件
地球では少なくとも5度の大量絶滅事件が起き、これらは地質時代の境界として認識されてきました。

古生代末に起こった大量絶滅

古生代になると、生物は実に多様な変貌を遂げました。三葉虫などの節足動物の繁栄、植物の上陸や、脊椎動物の出現と魚類の繁栄などがよく知られています。

しかし自然は残酷です。今から2億5200万年前、古生代ペルム紀と中生代三畳紀との境界（P／T境界）に、海の中で暮らしていた生物の96％以上が絶滅するという大事件が起こりました（図2－10）。三葉虫、古生代型サンゴ、フズリナ、古生代型のアンモナイト、ウミユリなどが絶滅しました。そして海中のみならず、陸上に生息していた昆虫や植物も例外ではありませんでした。昆虫は絶滅事件には強い生き物ですが、このときばかりは相当の大打撃を食らってしまったのです。

この大量絶滅の原因は、まだ完全に解明されたわけではありません。

ただ事実として、この事件と時間的に密接に関連しているのが、2億5000万年から2億5200万年前に超大陸パンゲアの真ん中で起こった巨大な火山活動です。この火山活動の溶岩が、現在のシベリアに広く分布しており「シベリア洪水玄武岩」と呼ばれています。その噴出量は約400万立方キロ、現存する陸上最大の火山です。あまりにも大量絶滅の起きた時期とぴったり一致するので、この巨大火山活動がその引き金になったと考える研究者が多いのも当然かもしれません。このような火山活動が起きると、大量の硫黄が火山ガスとして放出されます。硫黄は大気中の酸素や水素と反応して硫酸となり、硫酸アンモニウムなどのミクロンサイズ以下の微粒子「エアロゾル」を作ります。この粒子は軽いために大気特に成層圏（せいそうけん）に長い期間滞留して太陽光を散乱させるために、寒冷化を引き起こすことがあります。「火山の冬」と呼ばれる現象です。実際P／T境界では地球規模の寒冷化が起きたことが分かっています。

P／T境界ではもう一つ大量絶滅に関連した事件が起こっていました。それは、当時の海洋が極端な酸欠状態にあったことです。スーパーアノキシア（超酸素欠乏事件）と呼ばれています。日本列島の地層の中にも、この酸欠事件を記録しているものがあります。愛知県犬山（いぬやま）市には、まるでヘドロのような真っ黒い地層が残っています。このような酸欠事件が起こったために大量絶滅が起こったと主張する研究者もいますが、反対に、大量絶滅によって光合成生物が激減して、その結果酸欠になったという説もあります。

「風が吹けば桶屋が儲かる」。あることが起こったことにより、一見すると関係の無いような物事に影響を及ぼすことの喩えです。いま私たちに求められているのは、大量絶滅の場合の「風」は何か？　風が吹けば何が起こって、その影響がどのように伝播して行くかを、論理的かつ実証的に示すことでしょう。先のことわざは、不可能ではない因果関係をつなげて出来上がった見せかけの理論をさす場合もありますが、そうなってはいけません。

白亜紀の温室期地球

さて、引き続いて地球の気候変動に関係したお話です。

立派な白い御殿のことを「白亜の殿堂」と呼びますが、白亜の意味はご存じですか？　イギリスのドーバー海峡や地中海沿岸に広く分布する、今から約1億年前に堆積した真っ白い地層のことです。英語ではチョークと呼びます。そう、黒板に字を書く時に使う白墨です。白亜紀とは、今から1億4500万年前から6600万年前の時代ですが、この時代の名前の由来となった地層でもあります。

この地層は、まだ固まっていない石灰岩のようなもので、主に炭酸カルシウムからなります。とっても暖かい海に生息していた石灰質の殻を持つプランクトンの死骸(しがい)です。当時の平均気温は今より15度も高く、地球上に氷床は全く存在していませんでした。従って海水面も今より200メートルも高かったのです。このように地球表層が高温状態にあったことから、この時期に対して「温室期地球」という言葉がよく使われます。この時代の覇者でもあった恐竜たちも、さぞかし暑かったことでしょう(図2－11)。

さて、この白亜の地層の間には、何枚かの真っ黒なヘドロのような地層が挟まれています。そう、この地層は、古生代末に大量に堆積した地層と同じように、海水中が著しく酸欠状態になった「海洋無酸素事変」によって形成されたものです。

さてこの時代には、超ド級の海底火山がいくつも誕生しました。今は西太平洋の海底に、巨大な海底台地(海台)として残っています。その一つが、ソロモン諸島の北にある「オントンジャワ海台」です。この火山の体積はなんと6000万立方キロ。アメリカ合衆国全体にこの溶岩を流したとしても、その厚さは6キロ(高さ6000メートル)を超えるほどです。北米大陸の最高峰であるマッキンリーとほぼ同じです。

こんな巨大な火山が生まれるには、マントルの中に相当大きな上昇流があったに違いありません。つまり、マントルが活発に活動していたと考えられます。もしそうだ

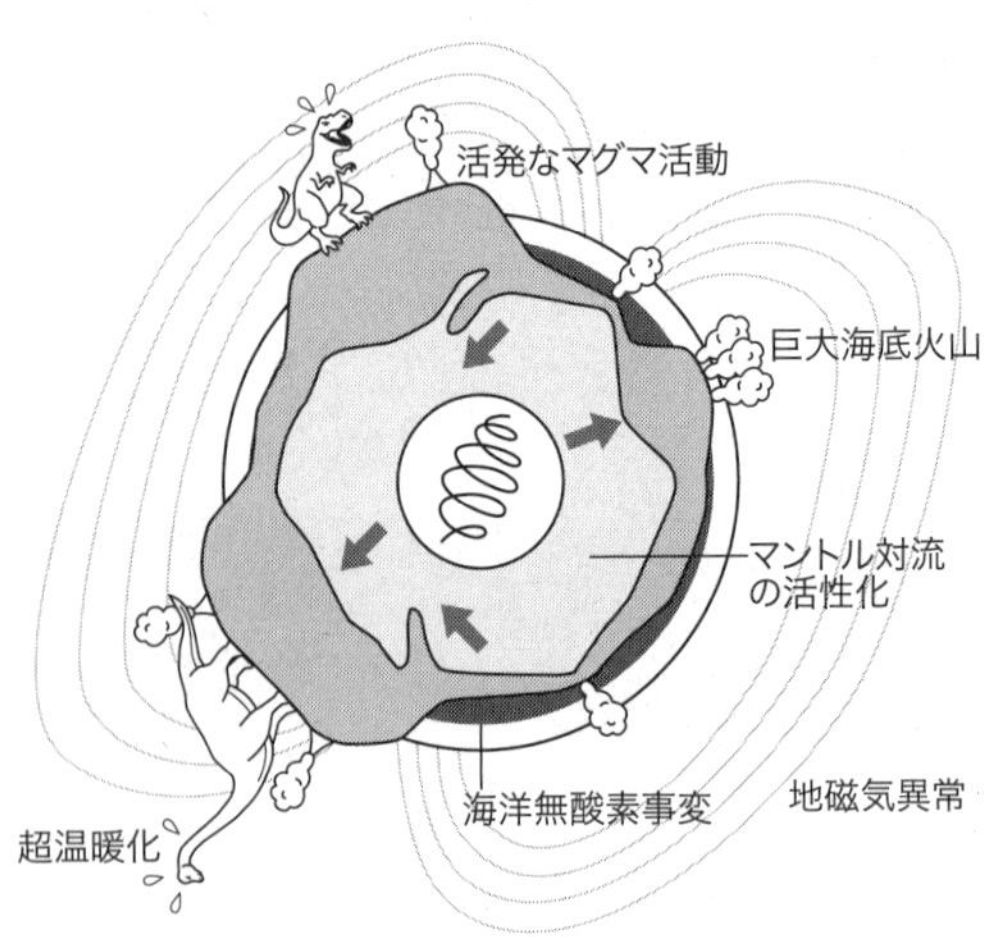

図2－11　白亜紀大事変
白亜紀中期、約1億年前の温室期地球。今より15度も高い超温暖化、海域陸域を問わず活発化した火山活動、海洋の無酸素状態によるヘドロの形成、それに地球磁場が反転しない状態。地球ではこのような大異変がほぼ同時に起こっていました。これらの大異変を起こした究極の原因は一体何だったのでしょうか？地球の進化を考える上でとても重要な事件です。

とすれば、マントルの下降流、即ちプレートの沈み込みも盛んであったはずです。実際日本列島もそうですが、太平洋周辺の沈み込み帯では、約1億年前にはマグマの活動がとても活発化していて巨大な花崗岩（かこうがん）の岩体が作られました。後で述べるように、「日本列島の背骨をなす花崗岩」も当時の激しいマグマ活動の痕跡です。

つまり、この時期には地球全体でマグマや火山の活動が活発になっていたのです。

他にも大異変が起こっていました。それは地球磁場です。先に述べたように、外核の対流運動で発生する地球磁場は、数万～数十万年に一度反転することが知られています。例えば、今から78万年より前は、地球磁場の極性は現在と逆です。この時期は、1929年に初めてこの逆転を見いだした京都帝国大学教授松山基範（まつやまもとのり）にちなんで、松山逆磁極期と呼ばれています。

ここで大切なことは、地球磁場はこのように反転を繰り返すのが普通の姿だということです。このことは、スーパーコンピューターを用いた地球ダイナモに関するシミュレーションでも、確かめられています。

ところが白亜紀では、3000万年間もの長い間、地球磁場は反転することなく一定の極性を持っていました。この時期は「地磁気静穏期」と呼ばれているのですが、実はこれは静穏ではなく大異変なのです。

なぜこのような異常な静穏期が起きるかはよく分かってはいませんが、マントル対流の活性化によって外核の対流が異常状態になったことで引き起こされる可能性があると言われています。

さて、今から1億年前の白亜紀中期という時期には、地球の中心から表層まで、いろんな異変が起こっていたことはお解りいただけたでしょうか。このような大変動のきっかけは何か？　また何が原因でこの異常な状況が終了したのか？　私たちの地球が本来持っている「リズム」の原因を明らかにすることはとても重要です。このことを考えずに、目先の温暖化対策をしても、あまり効果的とは思えません。

ただ、先に述べた大絶滅同様に、現在の所まだこの温室期地球の根本的な原因は解っていません。いろいろ解ったようなことを言う人はいますが、論理的かつ実証的に示されている訳ではありません。今後私たちに課せられた最大の地球進化に関する問題の一つですが、巨大な海底火山の活動や、環太平洋域で広範囲に起きた大規模な花崗岩体の形成、そして地磁気静穏期の出現など、マントル対流が異常に活発であったことは確かなようです。

隕石衝突と恐竜絶滅

中生代と新生代（しんせいだい）の境界（K／P境界）、今から6600万年前にも生物の大量絶滅がありました（図2－10）。中生代は大型爬虫類（はちゅうるい）の時代とも言われ、地上では恐竜、空には翼竜、そして海中には首長竜や魚竜が繁栄していました。これら全てが絶滅したのです。生き延びたのは小型爬虫類と鳥類、それに私たちの祖先ほ乳類たちでした。また海中ではアンモナイトが絶滅し、海面近くや海底にうようよと生息していた有孔虫というアメーバの仲間もほとんどが姿を消しました。

先に述べたように、白亜紀中期は超温暖な気候が特徴でした。その後、気温は徐々に下がり始めて、白亜紀、つまり中生代の終わり頃には一時より数度以上も涼しくなっていたと言われています。このような温度低下は、生物たちに何らかの影響を与えていたとも考えられます。しかし、大量絶滅を起こすには、何か事件が必要です。でないと、一斉に絶滅が起こることは考えられません。

最近では、二つの種類の「冬」を起こす大事件が重なって、急激な寒冷化が進行したのではないかと考えられるようになってきました。一つが「衝突の冬」、そしてもう一つが「火山の冬」です。

多くの研究者が隕石衝突説を受け入れてきた最大の理由は、世界各地の6600万年前の地層に、特徴的にイリジウムという元素が含まれていることです。この元素は、白金（プラチナ）と同じ仲間の貴金属元素で、地球では核以外には殆ど含まれていません。しかし、隕石にはかなり高濃度の割合で含まれているのです。こんな元素が特徴的に、世界中で見つかるのですから、この時に隕石の衝突があったことは疑いあり

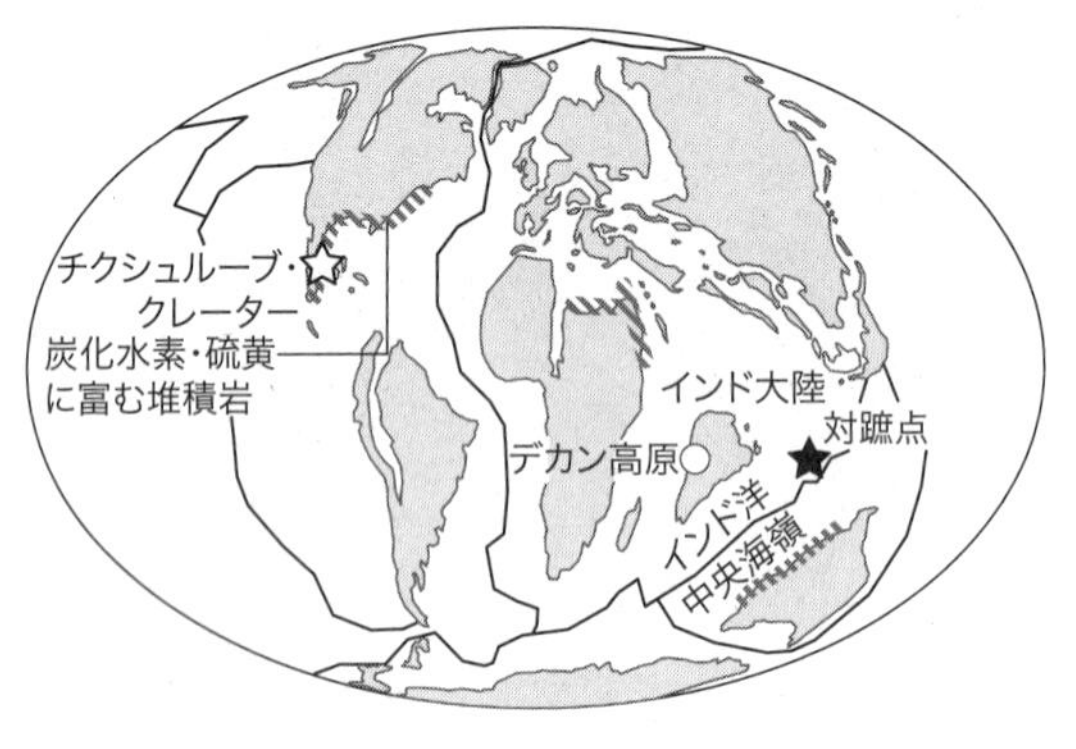

図2－12　白亜紀末の大量絶滅を引き起こした隕石衝突と火山活動
白亜紀末に起きた隕石衝突、それに引き起こされた可能性もある火山活動によって寒冷化が進み、大量絶滅が起きた可能性が高いと考えられています。

ません。

　そして、その隕石衝突の跡が、メキシコユカタン半島の「チクシュルーブ・クレーター」です（図2－12）。直径約180キロのこのクレーターは、直径10〜15キロの隕石が秒速20キロで衝突して作られました。この衝突によって超巨大地震が発生し、高さ300メートルの津波が発生したと推定されています。

　チクシュルーブ隕石の衝突から、恐竜絶滅までのシナリオは次のように考えられています。まず、衝突によって隕石は気化蒸発し多量のガスが放出されました。ガス成分の中では、以前にも述べたように硫黄が重要です。ある研究では、少なくとも3250億トンの硫黄が蒸発して大気中へ放出されたと予想しています。これだけの量だと「衝突の冬」を引き起こすに十分な硫酸エアロゾルが作り出されるでしょう。この軽いエアロゾルが長期間成層圏に漂うことで日光が遮られて、まず植物性プランクトンなどの光合成生物を死滅させました。食物連鎖の基底をなすこの生物の消滅が引き金となって、次々と大量絶滅の連鎖が始まったのです。

さらに、硫黄に加えて煤(すす)が寒冷化を加速したとの主張もあります。世界各地のK／P境界の地層には、煤が含まれていることが多いのです。しかし、煤は雨などで比較的速やかに地表へ落下する可能性が高いために、寒冷化の要因としてはそれほど重要視されてきませんでした。ただ隕石が落下した場所が悪かったというのです。白亜紀後期の大陸の縁には炭化水素を多く含む地層が堆積していました。ユカタン半島周辺にも、この地層が広く露出していました。そこに、隕石が落ちたのだから大変です。石油や天然ガスの主成分でもある炭化水素はたちまち燃え上がり、大量の煤を撒(ま)き散らしたのです。その総量は約15億トン。たとえその8割近くが雨などで大気中から除去されたとしても、残った漂う煤は太陽光を遮断し、数年間にわたって地球全体の平均気温は8〜12℃、陸上の平均気温は10〜16℃も下がったと推論しています。

もう一つの恐竜絶滅の要因は「火山の冬」です。以前にもお話ししたように、巨大な噴火が起きると多量の硫黄が火山ガスとして放出され、これがエアロゾルとなって太陽光を遮るのです。

その火山活動は「デカン高原」で起きました。この火山活動は約７０００万年前からK／P境界を跨ぐように起こり、その溶岩の総量が１３０万立方キロ、富士山２千数百個分という超巨大噴火でした。一方でこの火山活動は恐竜絶滅の数百万年前から始まっており、６６００万年前に急に絶滅事件が起きたことをうまく説明できなかったのです。しかし溶岩の年代測定を数多く行った結果によると、デカンの火山活動は６６００万年前ごろに急激に活発になったことが明らかになりました。

そしてなんとこの急激な火山活動の活性化には、チクシュルーブ隕石の衝突が影響したとする説があります。巨大隕石の衝突によって発生した超巨大地震のエネルギーは、通常のプレート運動で引き起こされる巨大地震の１０００倍にもなります。この膨大なエネルギーは地球表層を伝わり、隕石落下地点の反対側（対蹠点）周辺に集まります（図２－12）。このエネルギーを受けた地下の岩石が大きく揺さぶられ、構成粒子の結合が弱くなって浸透率が上がってしまいます。その結果、デカン高原の地下に長年蓄えられてきた膨大な量のマグマが上昇しやすくなり、一気に噴き上げた可能性があるのです。

さらに火山活動の活性化は、海底でも起きたようです。やはりチクシュルーブの対蹠点に近い「インド洋中央海嶺」で、６６００万年前あたりにマグマ生産量のピークがあるようです。プレートの裂け目である海嶺では常にマグマが地下に存在しており、隕石衝突のショックでマグマが急激に上昇した可能性があります。

少し私たちに関係あることを付け加えておきましょう。なぜほ乳類は隕石衝突という大事件を生き延びることができたのでしょうか？　一つは、体が未だ小さく、食料が少なくて済んだこと。それに、母親の胎内にいる子供は、温度変化の影響をあまり受けなかったこと。この二つが主な原因だと言われています。よかったですね……。

メガリスの崩落とプレート運動の変化

今度ご紹介する大事件は、生物絡みではありません。地球内部である時にプレートの崩落が起こって、プレートの運動方向が変わってしまったという事件です。

もう、プレートが海溝からマントル内へ沈み込んでいくことはいいですね？　そして、この時プレートに働く引っ張る力が、プレート運動を引き起こす重要な力であることもお話ししました（図１‐６）。では、一旦沈み込んだプレートは、マントルの中をどこまで落っこちて行くのでしょうか？　マントルの底まで落下してしまうのでしょうか？

ここでプレートがマントル内を落下する原因をもう一度整理しておきましょう。一番の原因は、プレートが海嶺から遠ざかるにつれてだんだん冷えていって、その結果としてプレートの下にあるアセノスフェアーに比べて十分に冷たく、従って重くなることとです。沈み込むプレートと周囲のマントルとの間に温度の違いがあることは、これからのお話でも大事な点です。よく頭に入れておいて下さい。

もう一つ、プレートが落下するのは、海洋プレートの一番上の部分の海洋地殻に原因があります。海洋地殻は沈み込み始めた時には、水を含んだスポンジのようなものですが、70〜80キロの深さで周りのマントルからギュッと圧(お)されて水分を絞り出してしまいます。その時に海洋地殻は、あの深緑の宝石であるヒスイと深紅のザクロ石からなる「エクロガイト」という岩石に変化します。そして更に深い所では、殆どザクロ石からなる岩石(ザクロ石岩)に変化します。これらの岩石は、周囲のマントルよりも重くて、プレートがマントルを落下する原動力になっているのです。

さてここで、プレートが660キロ不連続面、つまり上部マントルと下部マントルの境界に達したときのことを考えます。実は、プレートはこの不連続面を越えた途端に周囲のマントルよりも軽くなってしまって、それ以上深い所へ沈み込むことができなくなってしまうのです(図2－13)。このようにして、660キロ不連続面のすぐ下に溜まったプレート物質を「メガリス」と呼びます。大きな岩の塊、という意味です。

では、なぜメガリスができるのでしょう? まず思い出して頂きたいことは、66

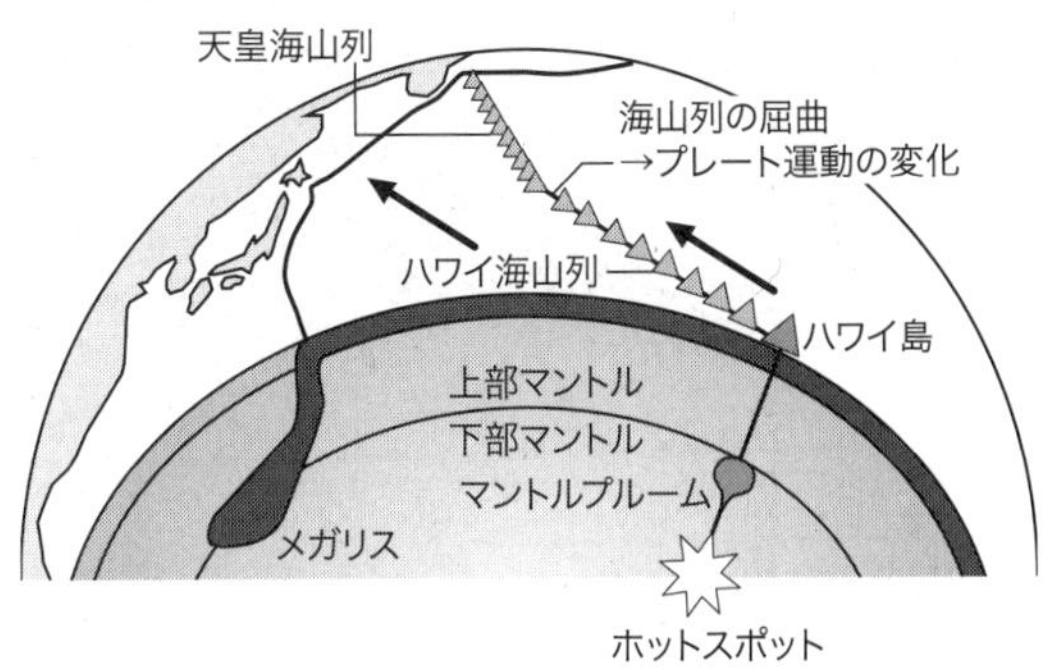

図2－13　メガリスの崩落が引き起こすプレート運動の変化
4700万年前に起こったこの事件は、ハワイ天皇海山列の折れ曲がりに記録されています。

0キロ不連続面は、マントルを作る鉱物がスピネル相からペロブスカイト相という鉱物に変化することです（図2－14）。もちろんペロブスカイト相の方が密度が高い、つまり重い鉱物です。ここで重要なことは、この反応は温度が下がると高い圧力で起こることです。このことを、図では右下がりの反応線になるので、「負の勾配」を持つ、と呼ぶことにします。つまり、低温の沈み込むプレートでは、正確にはプレートの海洋地殻より下の部分では、周囲のマントルより温度が低いために、この変化が660キロの深さでは起こりません。周囲のマントルはペロブスカイト相に変化しているにもかかわらず、プレート内ではまだスピネル相のままで、軽くなってしまうのです。

下部マントルのてっぺんに溜まったメガ

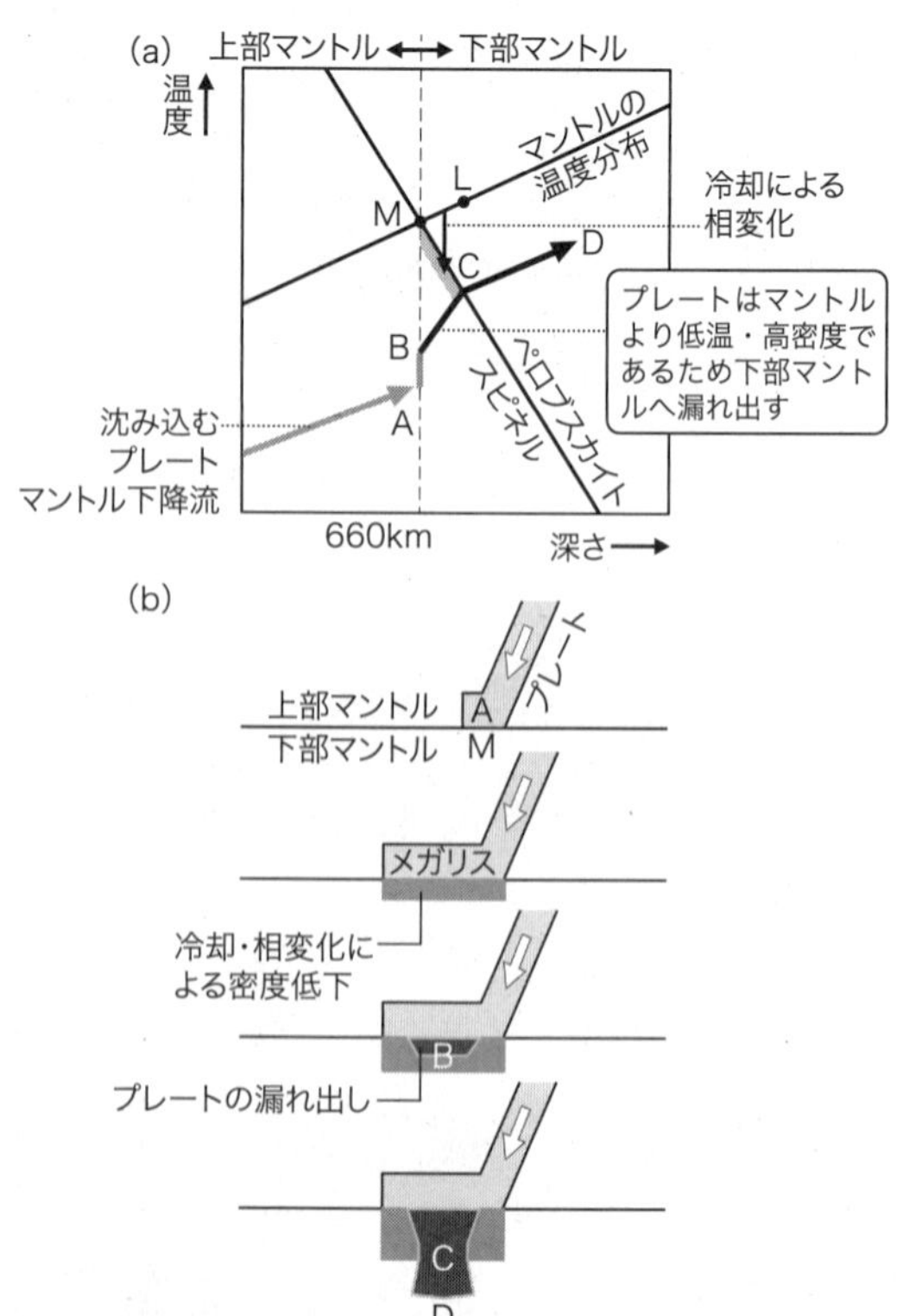

図2－14　沈み込むプレートの状態変化とメガリスの形成と崩壊
上部マントル・下部マントル境界付近で起きる鉱物の相変化と、マントル対流との関係（a）とその模式図（b）。この相変化は負の勾配を持つため、マントル対流を阻害し、そのためにスタグナントスラブが形成される。

リスは、どうなるのでしょう。そのまま上部マントルと下部マントルの境界を漂い続けるのでしょうか？

メガリスは冷たくなって沈み込んだプレートの残骸（ざんがい）なのですから、周囲の上部マントルよりも低温です。従って、その直下にある下部マントル（図２－14(a)のＭ－Ｌの部分）を冷却します。するとこの部分は負の勾配の相変化境界にぶつかり、低密度のスピネル相へと逆戻りしてしまうのです。もちろん、横たわったプレートもＡからＢへと熱せられるのですが、まだＭ－Ｃのマントルに比べると低温で重い状態です。こうしてプレート物質は下部マントルへと漏れ出すのです（図２－14(a)のＢ－Ｃ及び(b)）。そしてＣに達した漏れ出しプレートの中では相変化が起こり、高密度のペロブスカイト相となります。こうなってしまえば、周囲またはその下にあるマントルよりも低温・高密度のプレートはためらいなく落下を始めるのです。

つまり、メガリスはある程度大きくなると、崩落してしまう可能性が高くなります。沈み込んだプレートは、海洋プレートを引っ張って動かしている原動力です。その先に溜まっていたメガリスが崩壊したとしたら、一体何が起こるのでしょうか？

日本列島の下では、今から約４７００万年前にメガリスが大崩落を起こして、その結果太平洋プレートの運動方向が変化してしまった可能性があります。地震波トモグラフィーでも、崩落したメガリスの残骸が下部マントルの底近くに見つかっています

(図1－4)。

この時代にプレート運動が変化したことは、プレートテクトニクスが唱えられ始めたころから指摘されていました。図2－13を見て下さい。地球深部にある「ホットスポット」を熱源として、マントル上昇流が生じます。この上昇流は、「ラバライト」とか「モーションランプ」と呼ばれている置物と同じように、間欠的に軽くなった物質がむにゅ～っと上がることで起こります。この上昇する物質を「マントルプルーム」と呼びます。プルームとは、煙突からもくもくと出てくる煙のことで、このマントルプルームの中で誕生したマグマが、今ハワイ島で火山活動を起こしているのです。

プレート運動の方向と速度を海山の並びと形成年代を使って求めることができる、と前に言いました。ここで面白いのは、ハワイ海山列と天皇海山列が屈曲していて、この屈曲点の海山は約4700万年前に今のハワイ島の位置で作られたことです。つまり、この時に太平洋プレートの運動方向が急変したのです。

太平洋プレートのように巨大なプレートの運動方向を変化させるのは、結構大変なことです。日本列島の下に溜まっていた巨大なメガリスの崩落が、その原動力だったのでしょうか？　もちろん未だ一つの「可能性」の段階ではありますが、非常に魅力的なシナリオです。

ところで、小松左京（こまつさきょう）のSF小説「日本沈没」はご存じですよね。1973年に発表されたこの小説では、当時の日本ではまだなじみの薄かったプレートテクトニクスを駆使して日本列島を沈没させて、大きな話題を呼びました。2006年に再映画化される時に、樋口真嗣（ひぐちしんじ）監督から「日本列島が沈没しかけた状況で、それを止めたいのです。何かいい知恵はありませんか?」と尋ねられました。都内某所に監禁され（?）て考えた結果、提案したメカニズムの一つがメガリスの崩壊でした。崩落するメガリスが太平洋プレートを急激に引っぱり、このことで日本列島も引きずり込まれて沈没し始める。そこで日本海溝地殻のプレートを破壊して、引きずり込みを止める、というものです。もっとも、日本列島の地殻はマントルよりずっと軽いので、沈没の危険性はありません。ご安心下さい。

ヒマラヤ・チベットの上昇とモンスーンの成立

季節によって方向が規則的に変化する風を「モンスーン（季節風）」と呼びます。例えば日本では、夏に太平洋高気圧から流れ込む南風、冬にシベリア高気圧から流れ込む北風が、モンスーンに当たります。このモンスーンは日本周辺だけではなく東アジア全体に見られる現象で、アジアモンスーンと呼ばれています（図2-15）。

モンスーンが起きる根本的な原因は、大陸と海洋の「温まりやすさ」「冷めやすさ」

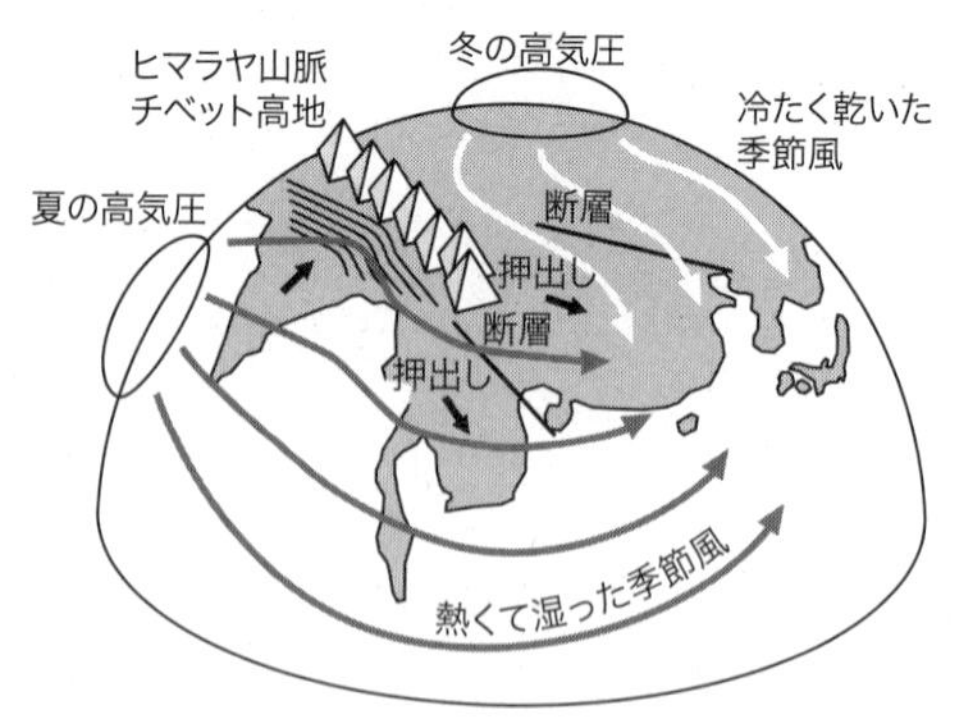

図2－15　ヒマラヤの隆起とアジアモンスーン
今から5000万年前にインド大陸がアジア大陸に衝突を始め、インドシナを押し出し、さらにヒマラヤ・チベットの隆起が起こりました。この世界の屋根の誕生は、アジア大陸東部にモンスーンを引き起こし、この地域の気候を支配するようになりました。

の違いによります。昼間は熱せられた陸に向かって海風が、夜は冷えた陸から海に向かって陸風が吹くのと全く同じ原理です。巨大なアジア大陸と、インド洋が配置していることから、夏と冬でモンスーンが変化するのです。この巨大なモンスーンは、アジアのみならず、世界の大気・水循環に大きな影響を与えています。もちろん、モンスーンによってもたらされる降雨や気温の変化は、私たちの生活と密接に関係しています。また、このモンスーンによって起こる地表岩石の風化は、海へ運ばれて炭酸塩を作ることで大気中の二酸化炭素の増加を抑制して、温暖化にストップをかけています。

このモンスーンの流路に決定的な影響を与えているのが、平均高度５０００メートル、東西３５００キロ、南北１４００キロにわたってそびえる、ヒマラヤ山脈・チベット高原です。この「世界の屋根」の発達と隆起によって、アジアモンスーンは大きく東へ流れているのです。

ヒマラヤ・チベット高地の形成は、インド大陸がユーラシア大陸に衝突するという事件がきっかけとなりました。

白亜紀にはまだ海の中に浮かんでいたインド大陸は、今から約５０００万年前にアジア大陸に衝突を始めました。しかし、いきなり山脈が誕生した訳ではありません。最初のうちは、衝突されたアジア大陸の一部がインド大陸によって「押し出される」という現象が起こりました。現在のインドシナ、中国南東部のブロックは、このようにしてインドの北からアジア大陸の東の方へ、巨大な断層に沿って押し出されてしまったものです（図２－15）。この様子は、模擬実験によっても見事に再現されています。

今から２０００万年位前になると、今度はヒマラヤ、チベットの隆起が始まりました。時代が下がって約１５００万年前には、ほぼ現在と同じ高さの巨大高地が存在するようになったと言われています。そしてこの頃から、アジアモンスーンが始まった記録が、周辺の湖沼やインド洋などの堆積物から見つかっています。

第3章　現在の日本列島の姿

地球表面は十数枚の硬いプレートが覆っていて、これらが互いに影響を及ぼし合いながら運動しています。そして、地球で起こる多くの変動、例えば山地の形成や地震・火山の活動の多くは日本列島のようなプレートとプレートの境界で起こっています。私たち日本人は、このような「変動帯」に暮らしているのです。

ここではまず、変動帯日本列島の今の姿を眺めてみることにしましょう。

四つのプレートが鬩ぎあう日本列島

日本列島の周辺には、地球上に十数枚しかないプレートのうち、なんと四つも集まっています。太平洋とフィリピン海の二つの海洋プレート、それに北米とユーラシアの二つの大陸プレートです（図3－1）。これら四つのプレートがそれぞれ運動しているのです。そりゃあ、いろんな変動も起こるはずです。

太平洋プレートは、年間10センチ弱のスピードで、北米プレートとフィリピン海プレートの下へ潜り込んでいます。太平洋プレートがマントルへ潜り込む所には、千島海溝、日本海溝、それに伊豆・小笠原・マリアナ海溝ができて、それらに対応して弧状列島が形成されています。一方でもう一つの海洋プレートであるフィリピン海プレートは、南海トラフと琉球海溝から一年に数センチの割合でユーラシアプレートの下へ沈み込んで、西南日本弧と琉球弧を形作っています。「トラフ（trough）」は舟状海盆と訳すこともあり、少し浅い海溝や窪地のことです。

さて次に、プレートが沈み込む様子を見てみましょう。太平洋プレートは、千島弧～東北日本弧では30～50度の角度で、伊豆・小笠原、更に南のマリアナ弧では、60度からほぼ垂直にマントルへ沈み込んでいます。これに対して、南海トラフから潜り込むフィリピン海プレートの沈み込み角度は約15度、明らかに低角です。

このような沈み込み角度の違いは、なぜ起こるのでしょうか？　世界中の沈み込み帯で、沈み込むプレートができた年代とその角度を調べてみると、古いプレートの方が高角度で潜り込む傾向が認められます。プレートが古くなるということは、海嶺でプレートができてから時間が経つ、つまり温度が低くなることを意味します。低温になって重くなったプレートは、自重で急角度に沈み込んでいると考えることができます。

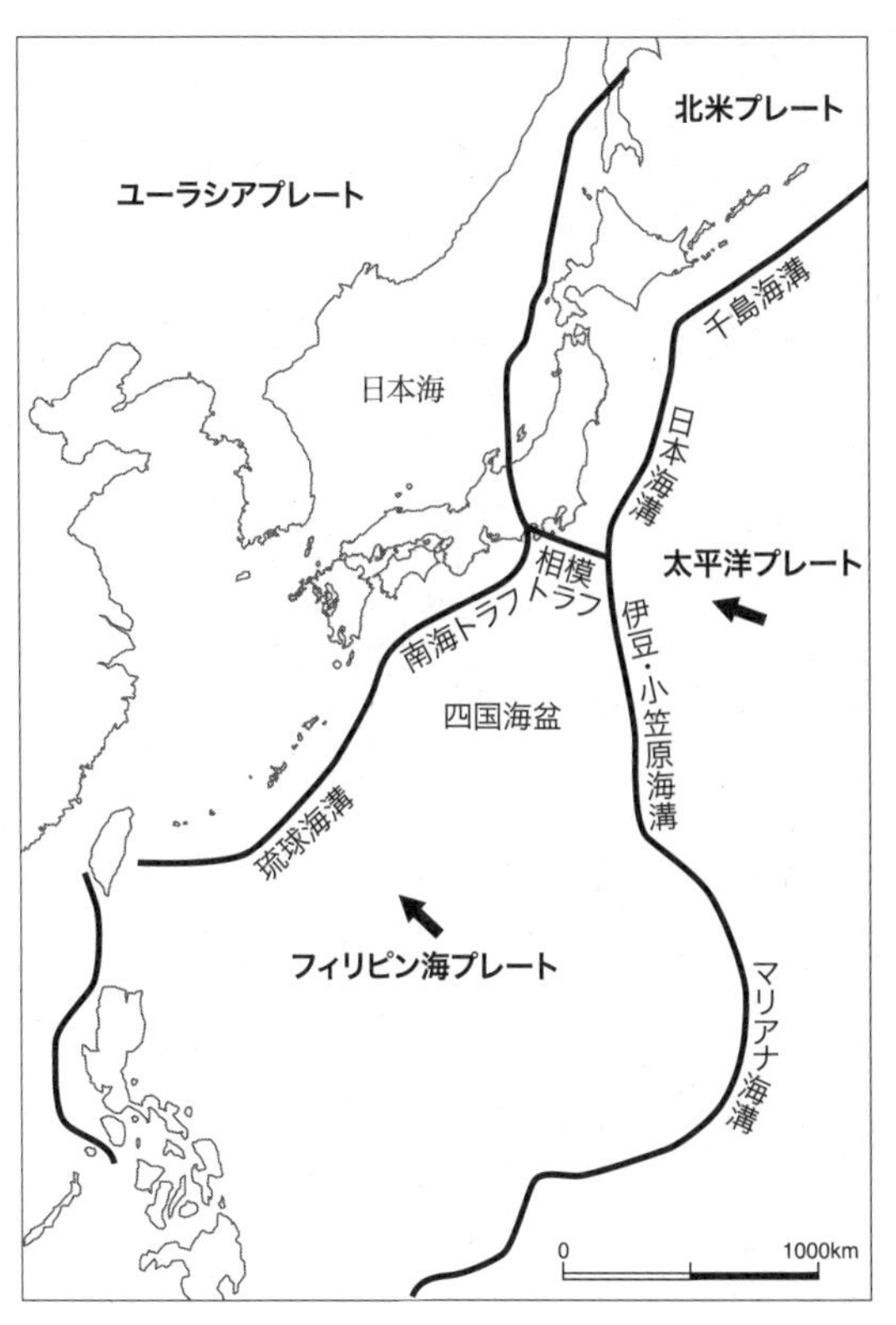

図３－１　日本列島周辺のプレート配置
日本列島周辺では四つのプレートが鬩ぎ合い、太平洋プレートとフィリピン海プレートが海溝から地球内部へ沈み込んでいます。

日本列島近傍の太平洋プレートの年齢はおおよそ2億年。地球上で最も古いプレートです。一方フィリピン海プレートは、最も新しい部分は僅か1500万年前に誕生した、とっても若いプレートです。この年齢の違いが、日本列島周辺のプレート沈み込み角度の変化を引き起こしている重要なファクターだと考えられます。

ここで、日本列島が地球上でも類い稀な、複雑なプレート境界域であることを示す例を挙げることにしましょう。

複雑な現象が起きているのは関東地方の下です。この地域には太平洋プレートが東から沈み込んでいるのですが、これに加え、フィリピン海プレートも、南海トラフの東方延長である相模トラフから沈み込んでいるのです。その結果関東地方の地下には、ダブルでプレートが沈み込むという現象が起きています。このために、非常に活発な、そして複雑な地震活動が引き起こされるのです。

縮み上がる日本列島

それでは、現在日本列島がどのように変動しているのかを眺めてみましょう。

日本列島には、約1300ものGNSS連続観測点があります。国土地理院が設置した「電子基準点」と呼ばれる観測点です。これは、世界で最も密に配置された地殻変動監視ネットワークです。また明治16年から行われている水準測量も、全国約1万

5000地点での地殻変動を検出しています。

国土地理院には、「日本列島の地殻変動」というサイトがあります。みなさんも一度ここを訪れてみて下さい。きっと、日本列島の変動があまりにも激しいことに驚かれるに違いありません。電子基準点での観測データを用いるとその地点の上下水平方向の移動を読み取ることができます。その結果から日本列島の地盤にどのような力が働いているかが分かるのです（図3－2）。

さて日本列島にかかる力に関して特に顕著な現象は、北海道から東北、関東地方で見られる東西方向の圧縮です。また、東海から紀伊半島、四国に至る地域でも、北西－南東方向の大きな圧縮が認められます。このような変動は、日本海溝と南海トラフから沈み込む太平洋、フィリピン海プレート運動に伴って引き起こされていることが想像できます。

この本で私は、固体は流れて変形することを強調しています。しかし、いつまでも岩石が流れるとは限りません。力がかかり続けて変形が追いつかなくなると破壊が起きます。2011年の東北地方太平洋沖地震（東日本大震災）が、東北日本に蓄積していたひずみを解放したことは間違いありません。実は図3－2に用いたデータは2

０１０年までのものです。というのも、東北地方太平洋沖地震が発生して、地盤にかかる力の状態が大きく変化してしまったのです。地震前は図に示したように東北地方には圧縮力が働いて地盤が縮んでいたのですが、地震によって東北地方を乗せたプレートが海溝以降付近で跳ね返ったために、東北の地盤は一気に「脱力」して伸びた状態になりました。今は徐々に元の状態に戻りつつはありますが、まだまだ地盤の「復旧」は終わっていません。また、後に述べるように日本列島は断層でずたずたに切られているような状態です。地盤に力がかかると、いわば古傷であるこれらの断層が疼(うず)いて、地震を起こす場合もあります。

このように地殻変動は、地震を予測するには必要不可欠な情報です。ただ現時点では、例えば地殻変動がこれくらい蓄積すると地震が発生する確率がこれくらい、というような具体的な予測をすることはできません。断層や岩石の力学的な特性が完全に理解されている訳ではないからです。

ここで、地殻変動（隆起）に関係した、「日本の世界一」をご紹介しておきましょう。上高地(かみこうち)にある、イギリス人宣教師、ウェストンの碑をご存じですか？　この地のすばらしさを世界に紹介した人です。この碑は、花崗岩の一種でできています。北穂高岳(きたほたかだけ)近くの滝谷(たきだに)に露出している深成岩、つまり、マグマがおおよそ数キロくらいでしょうか、地下深い所でゆっくり固まった岩石です。地下深くでできた花崗岩が地表に

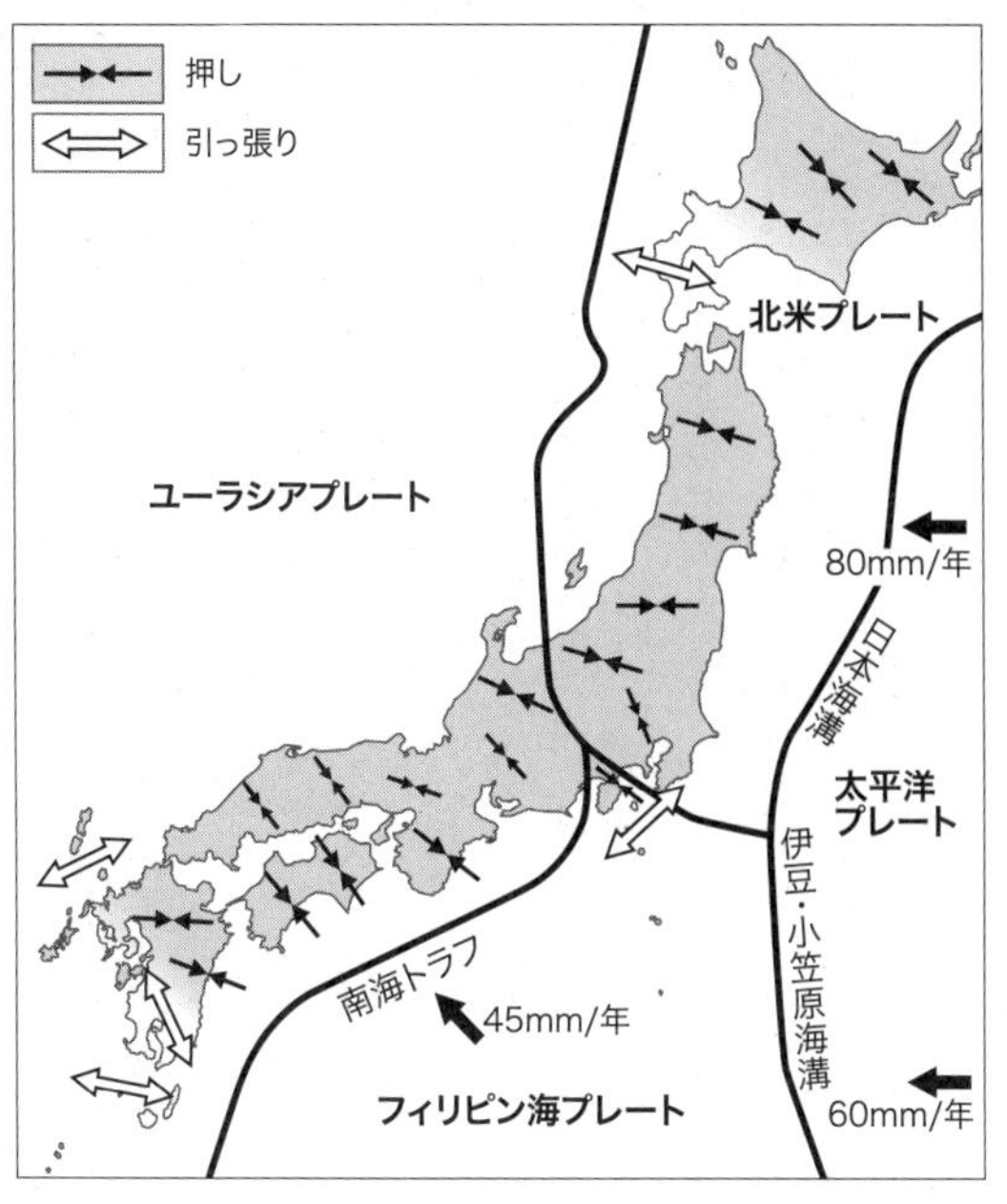

図3－2　強烈に圧縮される日本列島
衛星による地殻変動観測によると、日本列島の大部分は太平洋プレートとフィリピン海プレートの運動によって強烈に圧縮されています。

露出するには、地面が隆起・浸食されなければいけません。このことを考えると、地球上の花崗岩は少なくとも数百万年より古いものだと信じられてきました。

ところがなんと、この滝谷花崗岩は今からたった120万年ほど前にできたマグマが固まったことが解りました。例の放射壊変時計を駆使した結果です。世界の研究者が「地球上で最も若い花崗岩」として注目しました。

さらにその後、滝谷花崗岩のもう少し北、黒部ダム周辺に分布する黒部川花崗岩がわずか80万年前にできたことも明らかになったのです。現在では黒部川花崗岩が最も新しい花崗岩だと言われています。

これほど若い花崗岩が露出するということは、北アルプスの隆起がとても激しかったことを意味します。わずか100万年ほどの間に数千メートルも隆起したのです。この隆起の原因として、北アルプスの地下に滝谷や黒部川花崗岩のようなマグマが大量に貫入してきたことが考えられます。実は北アルプスはとても活発なマグマ生成域です。これらの花崗岩は熱くて軽いために浮力が働き、さらにこの地域にかかる圧縮によって地盤が盛り上がったのです。日本列島のような変動帯では、マグマ活動と強烈な圧縮力によって山が高くなり「造山運動」が起きているのです。

ずたずたの日本列島

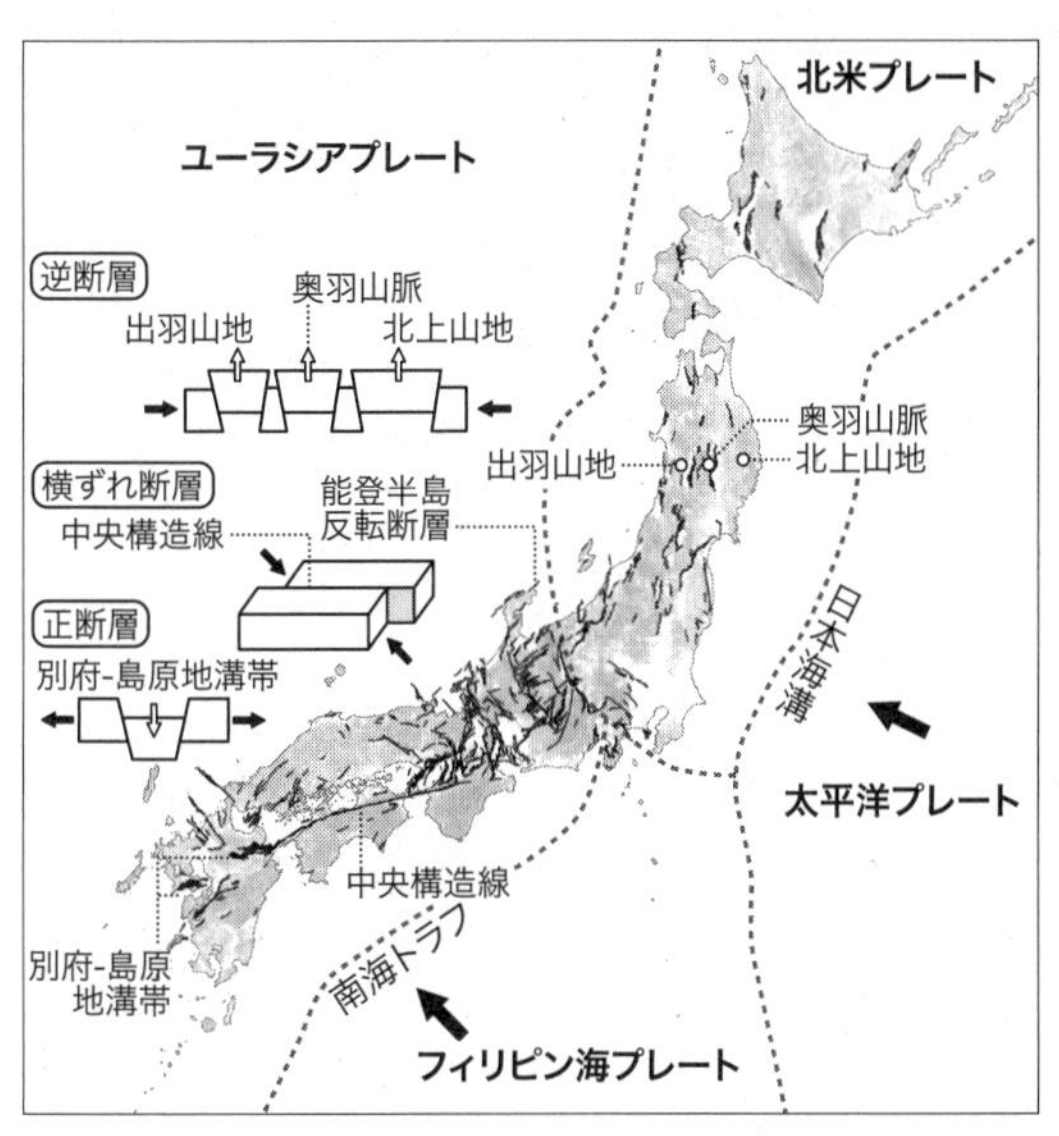

図3－3　日本列島の活断層とその性質
強烈な圧縮を受ける日本列島では、東北地方には逆断層が、西南日本には横ずれ断層が卓越しています。

地殻に働く力は、地層や岩盤の破壊を起こします。そして、破壊を伴って地殻の中に生じたずれが「断層」です。断層の中でも、最も新しい地質時代である第四紀（258万8000年前以降）に活動したものを「活断層」と呼びます。もちろん活断層と認定するときに、第四紀の境界の数字は厳密に適用する必要はありません。要は、最近に活動して、従って近い将来も活動が予想されるということです。図3－

3には、確実に活断層と認定されたものだけを示しましたが、可能性が高いものを含めると、日本列島周辺には2000以上の活断層が存在すると言われています。まさに日本列島は、太平洋プレートやフィリピン海プレートの力で、ズタズタにされているのです。

活断層はどのようにして見つけることができるのでしょうか？　よく用いられる方法は、空中写真を使って断層によってできた地形を読み取る方法です。断層に沿って崖(がけ)ができたり、地盤のずれが原因で川の流路が変わったりしている場所を探すのです。このようにして断層が存在する可能性が出てくると、地盤を掘って断層面を確認したり、断層の活動史を調べたりします。「トレンチ調査」と呼ばれる方法です。また、微小地震の観測や地震波を用いたCTスキャンによって、活断層の位置や活動度を特定できる場合もあります。

活断層が動くこと、それは地震そのものです。従って私たちは、少なくとも自分の生活する地域ではどこに活断層があるのかを確認しておくことが重要だと思います。それが、私たちが地球の営みとしての地震と共存して行くための第一歩です。国土地理院作成の「都市圏活断層図」や、産業技術総合研究所の「活断層データベース」は、インターネットから簡単にアクセスできます。自治体でも活断層データベースを作成している所が多くあります。是非ご覧になって下さい。また活断層の中には、将来の活動可能性の評価も行われているものもあります。このことについては第５章で触れることにします。

断層は、その動き方、あるいは破壊やずれを起こした力のかかり方によって、大きく三つのタイプに分けることができます。一つは「正断層」と呼ばれるもので、断層面に沿って片方の地盤がずり落ちるものです。この断層は、地殻を引っ張る力が働いた場合に発生します。最も典型的な例は、海嶺などのプレート発散境界に分布する正断層です。まさに、両側から引っ張られている所です。また日本列島では、中部九州に正断層が密集しています。この地域は、「別府－島原地溝帯」と呼ばれ、ここを境に九州を南北に引き裂くような方向に力が働いているのです。九州はやがて二つの島に分かれてしまうでしょう。また、東北地方太平洋沖地震のような超巨大地震によって蓄積された圧縮ひずみが解放された後、地殻に引っ張り力が働き正断層の活動が活発化することもあります。

次のタイプは「逆断層」と呼びます。この断層は地殻に圧縮力が働いて破壊とずれが起こるもので、片方の地盤がもう一方に対してのし上がるように運動します。日本列島は、大局的には沈み込むプレートによる圧縮を受けています。その結果逆断層が最も多く認められます。特に東北日本には数多くの逆断層が存在します。例えば南北に平行に並ぶ北上山地、奥羽山脈、それに出羽山地などは、このような逆断層に伴って隆起した山地です。

地殻に圧縮力が働くと、ほぼ垂直な断層面が形成されて、断層面を境に地盤が水平方向に移動する場合があります。これが「横ずれ断層」と呼ばれるものです。日本列島では、西南日本に横ずれ断層が多く認められます。この原因は、フィリピン海プレートが西南日本に対して斜めに沈み込んでいるためです。「中央構造線」と呼ばれる日本最大の断層系で、和歌山県から九州にいたる巨大な活断層や、１９９５年の兵庫県南部地震を引き起こした野島断層を含む「六甲－淡路断層帯」などが、典型的な横ずれ断層です。

断層は地盤の中にできた「弱線」です。ですから、断層ができた時代に地盤にかかる力によって破壊が起きた「古傷」のようなもので、時を経て当時からの状態が変わると違う動きをすることがあります。例えば、後で詳しく述べるように、日本海は今から２０００万年ないし１５００万年前にアジア大陸が引っ張られて裂けてできた陥没域です。従ってその当時は日本海の海底には正断層が数多く形成されました。ところが３００万年前からは、先ほどから述べてきたように東北地方には強烈な圧縮力が働くようになりました。その結果、古傷の正断層が今度は逆断層として活動を始めたのです。このような断層は「反転断層」と呼ばれます。２０２４年の元旦に能登半島で起きた大地震は、このような反転断層が活動したものなのです（図３－３）。日本海の東縁部にはこのような断層が数多く分布しています。これからも備えが必要です。

地震大国日本

プレートの境界では、接するプレートの運動によって互いに力を及ぼし合い変形が進み、ひずみのエネルギーが溜まっていきます。ひずみが限界に達して、プレートや地殻内に破壊やずれが起きるのが断層です。断層運動によって、蓄積されていたひずみエネルギーが波（震動）として急激に放出されるのです。この現象が「地震」です。従って、プレート境界域には地震が集中します。むしろ、地震の分布によってプレートの境界を認識していると言った方が正確かもしれません。日本列島周辺には四つのプレートが存在するのですから、地球上で最も地震が多発する地帯となっているのです。

地震は、断層面での破壊とずれに原因があります。つまり、地震は点ではなく面的に発生するのです。この面のことを「震源域」と呼ぶことがあります。これに対して、最初に破壊が起こって、そこから破壊が広がって行った点が「震源」です。

日本列島では四つのプレートが鬩ぎ合いをしているので地盤に大きな力が働き、その結果多く地震が起こります。比較的大きな地震を見ると世界中の20％程度もの地震が、この狭い日本列島周辺で起きています。日本は世界一の地震大国なのです（図3－4）。

これらの地震を見ると、海溝近くや陸域では比較的浅い（図では30キロより浅い）地震が起きています。一方もっとずっと深い場所でも地震が発生しています。

日本列島、更に一般的に沈み込み帯で起きる地震は、発生する場所によって四つのタイプに分けることができます。一つは、沈み込まれる側の地殻の中で発生する「直下型（内陸型）地震」です。この地震の原因は沈み込むプレートによる圧縮にあり、陸側のプレートの中で逆断層や横ずれ断層を引き起こします。このタイプの地震は、多くの場合震源が30キロより浅い所にあるために、兵庫県南部地震や新潟県中越地震のように、地震動による被害が大きくなる場合があります。

その他の三つのタイプの地震は、沈み込むプレートの中、またはその近傍で起こります。浅い部分から見ていくことにしましょう。プレートが海溝から沈み込むには、まっすぐな平面状の板であるプレートが、曲がらなければなりません。このような場所はアウターライズと呼ばれます。アウターライズと海溝の間では、曲がりに伴ってプレートを引っ張る力が働いて、その結果正断層が発達します。次に述べる海溝型地震発生後には、プレートの沈み込みに対する抵抗力が小さくなって、プレートを引っ張る力が大きくなるのでアウターライズ地震が発生しやすくなると言われています。

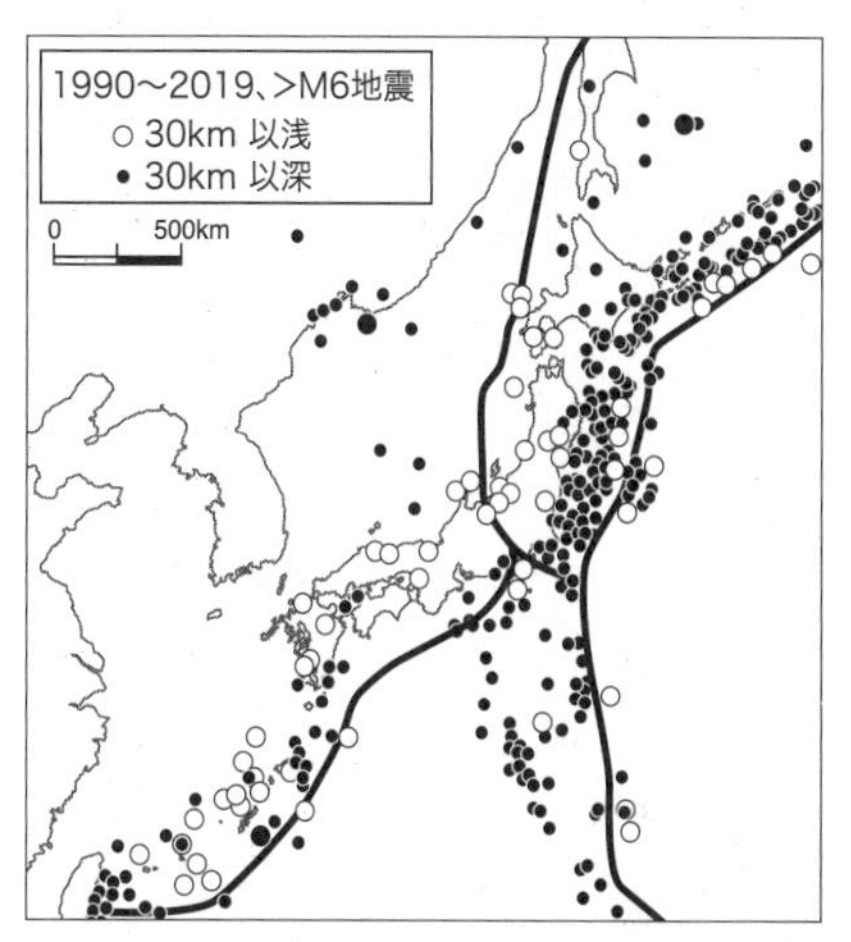

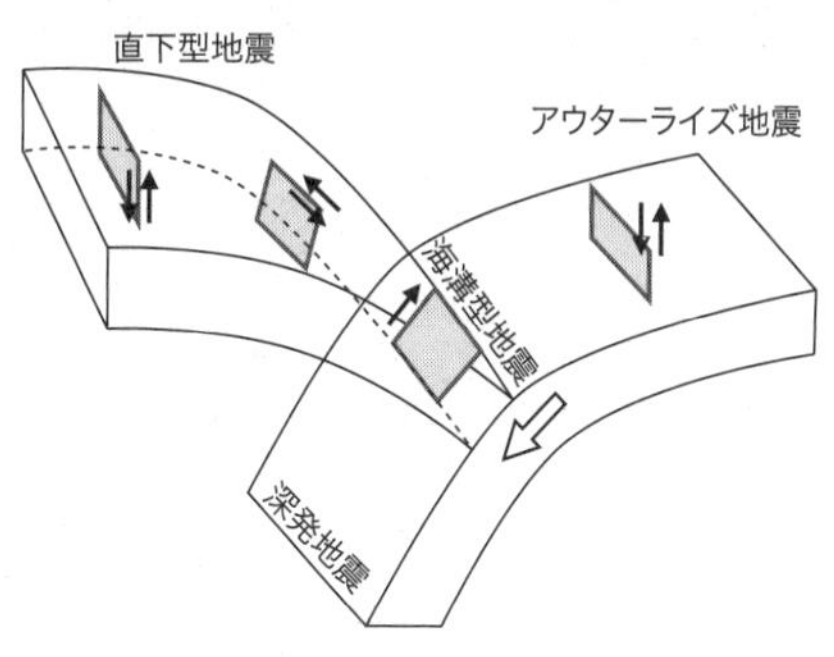

図３－４　日本列島周辺で発生する地震とその性質
世界一の地震大国日本では、プレートの沈み込みに伴って、性質の異なる地震が発生しています。

これまでにも、明治三陸地震（1896年）の37年後に発生した昭和三陸地震（1933年）や、2006年11月の千島列島沖地震の約2カ月後に発生した地震はこのタイプのものです。震源が陸から離れているために地震動は小さくても、断層が海底にまで達する場合には巨大津波が発生する可能性があるので注意が必要です。

三つ目のタイプが「海溝型地震」です。記憶に新しい東北地方太平洋沖地震、過去何度か起きている関東地震、近未来に発生が確実な南海トラフ地震などがこのタイプに属します。また、チリ地震やスマトラ地震など、超巨大地震と呼ばれるものの多くはこのタイプに属します。

この地震の発生メカニズムについては、後に少し詳しく解説することにしますが、要点は、沈み込むプレートが陸側のプレートを押し込んで蓄積したひずみを解消する時に、陸側プレートが跳ね返って地震が発生することです。この地震は深さ20キロ前後の比較的浅い所で発生することが多く、地震動による被害と共に津波による被害も甚大です。

最後のタイプは「深発地震」です。この地震は、数十キロから場合によっては数百キロの深さにわたって沈み込むプレートの表面付近で発生する地震です。多くのものは、プレートの自重によって生じる引っ張り力が引き起こす正断層に原因があります。深い所で発生するので被害をもたらすことは稀ですが、1993年釧路沖地震のように、深さ１００キロで発生したにもかかわらず、釧路で震度６が観測された例もあります。

火山大国日本

地球では一年間に約25立方キロのマグマが生産されています。その７割が海嶺、２割が沈み込み帯、残り１割がホットスポット火山で噴出していると言います。つまり地球の火山は限られた地域に偏在していて、沈み込み帯は主要なマグマ生成地帯なのです。

世界中の沈み込み帯の中でも、日本列島は最も火山が密集する所です。地球上にはおおよそ１５００個の活動的な火山がありますが、日本列島にはそのうちの１１１も集まっています。地球表面のわずか０・１％にも満たない国土に、10％近い火山が密集しているのです。

何故こんなに日本に火山が密集するのでしょう？　その最大の原因は、日本列島、特に北海道、東北から伊豆・小笠原域で、年間10センチ弱という、世界で最も速いスピードで太平洋プレートが沈み込んでいることにあります。もちろんこれは、日本列島周辺の太平洋プレートが地球上で最も古く、従って冷たく重いことによります。プレートが一生懸命沈み込むと、マグマがたくさん作られる。このことは直感的に理解して頂けるでしょう。理屈としては、沈み込み帯ではマグマの発生を引き起こす水が沈み込むプレートから絞り出されるのですが、沈み込むスピードが速いとそれだけ多量の水がプレートから放出されて、その結果マグマの生産率が上がるのです。

確かに日本列島には火山が密集しています。でもこれらの火山も、決して万遍なく分布している訳ではありません。図3−5を見て下さい。プレートの沈み込みで作られる日本列島の火山は、火山帯をなして海溝にほぼ平行に分布しています。ところが、海溝と火山帯の間には、全く火山が存在しない非火山地帯があります。例えば、関東平野の中には火山はありませんが、その北側や西側には多くの活火山が存在しています。また、近畿（きんき）地方には活火山は存在せず、兵庫県の北部に神鍋山（かんなべやま）など小さい第四紀火山はありますが、他に火山は見当たりません。そして、四国には一つも火山は存在しません。

図3−5をご覧になると納得して頂けると思いますが、火山帯と非火山地帯との境界は比較的はっきりとしています。つまり、海溝から陸の方に進んで行くと、突然火山が出現する地帯に入ってしまうのです。この火山地帯と非火山地帯の境界を「火山前線（火山フロント）」と呼んでいます。天気予報によく登場する寒冷前線や温暖前線のイメージです。これらの前線では、そこを境に気温や風向き、それに風の強さが急に変化します。同じように、火山前線を境に、急に火山地帯に突入します。日本列島

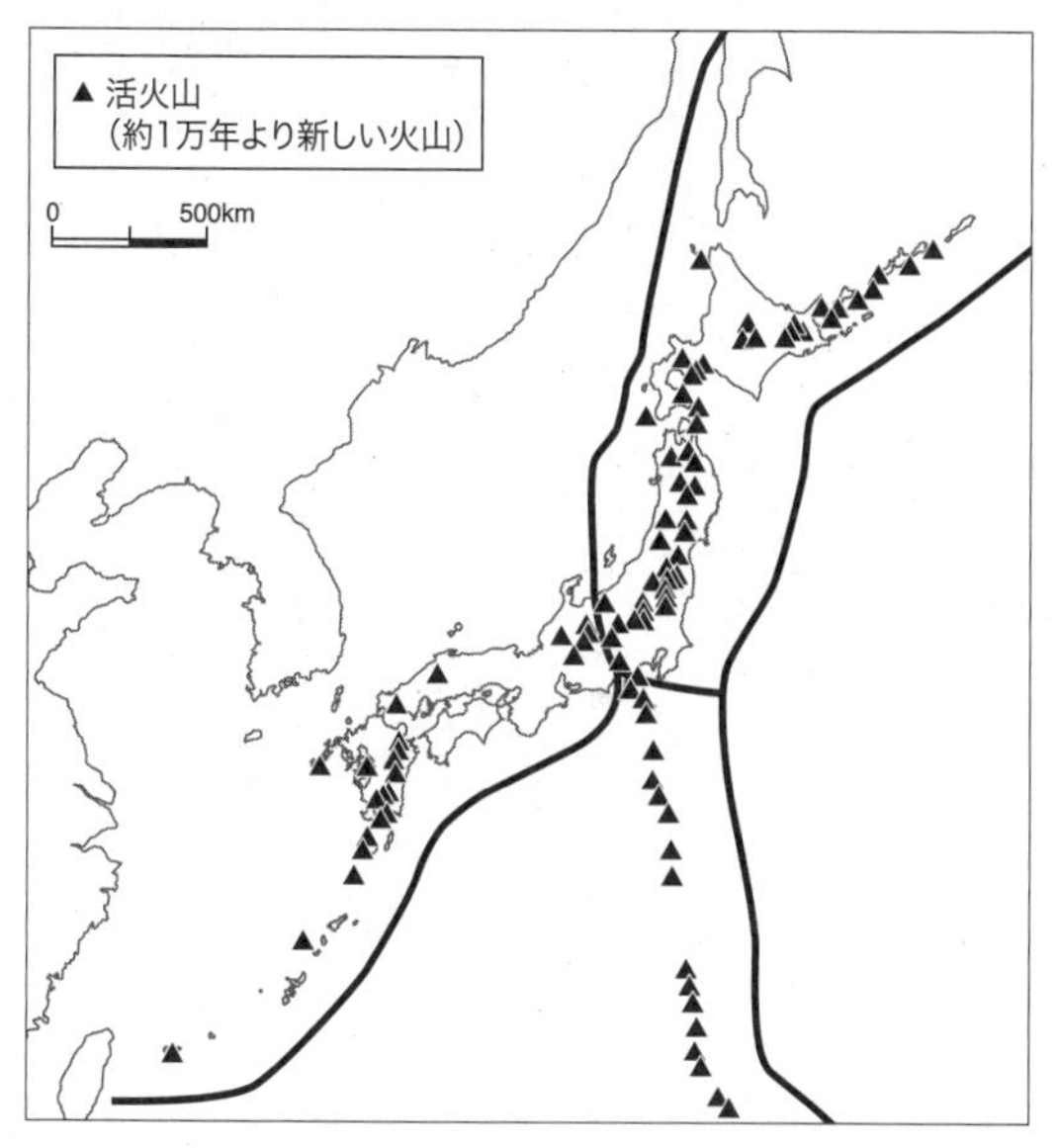

図３－５　日本列島の活火山
日本は世界一の火山大国で、111の活火山が分布しています。これらの火山は海溝とほぼ平行に分布することから、プレートの沈み込みによって作られると考えられます。

周辺のプレートの配置が変わらなければ、これからも火山前線と海溝の間に新しい火山ができることはありません。

火山前線には二つの大きな特徴があります。沈み込むプレートの深さが約１００キロに達した所に火山前線が出現するのです。この現象は日本列島のみならず地球上の多くの沈み込み帯で共通に認められます。何か深さに関連した出来事が、マグマの発生をコントロールしているようです。後ほど詳しく述べることにしますが、この現象は、１００キロの深さまで持ち込まれたプレートの近傍で、水が絞り出されることに原因があると考えられています。

もう一つは、火山前線に沿って火山が最も密に分布することです。例えば東北日本を見て下さい。火山前線は火山帯で言うと那須（なす）火山帯に相当します。そして、海溝から遠い所に鳥海（ちょうかい）火山帯が作られています。これら二つの火山帯を比較すると、那須火山帯の方が2倍以上たくさんの火山が密集しているのです。この現象は、火山前線の下で集中的に、マグマの発生を促す水が絞り出されていることに原因があるのです。

第4章　日本列島に起こった大事件

地球上で最も活動的な変動帯に位置する日本列島。その姿はどのようにして出来上がってきたのでしょうか？

日本列島の地質をはじめて系統的に調べたのは、明治時代に当時の日本政府がドイツから招聘（しょうへい）した若き地質学者ナウマン博士だと言われています。１８８５年には「日本列島の構造と生成について」という論文を発表しています。その後１００年以上にわたって、日本列島の発達史について多くの研究が行われてきました。その結果、地質学では「基盤」と呼ばれる日本列島の土台は、変形を受けた古い時代の堆積岩や変成（へんせい）岩、そしてこれらを貫く花崗岩で成り立っていることが解ってきました。

日本列島はアジアの東縁に位置する、小さな島国です。しかしその地質には、プレートが大陸の下へ沈み込む際に引き起こされる様々な現象が記録されているのです。まさに、地球変動現象のデパートのような存在です。

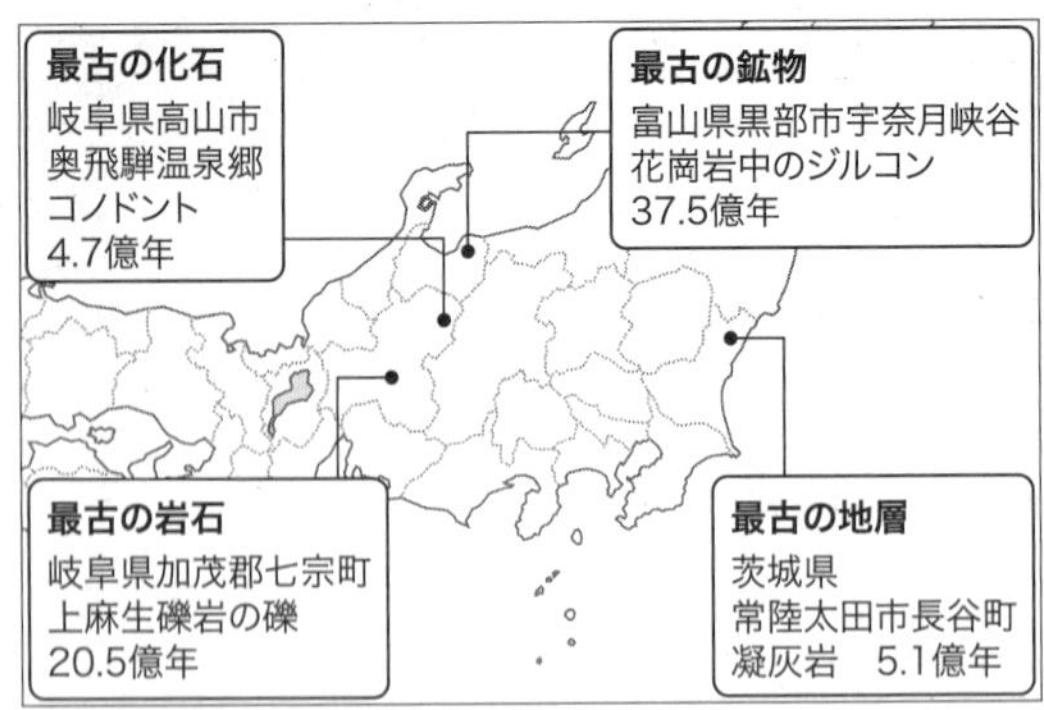

図4－1　日本の最古記録
日本列島にも、地球上でプレートテクトニクスが始まり海ができ始めた頃に結晶化したジルコンが残っているのです。最古の地層や化石は、当時既に日本列島は沈み込み帯に位置していたことを示しています。

ここでは、現在の日本列島を作り上げたいくつかの大きな事件を紹介することにします。きっと、そのダイナミックな歴史に驚かれることと思います。

日本列島の「最古記録」

地球の歴史は46億年前に始まりました。では、日本列島の歴史は一体どのくらい古い時代まで遡る(さかのぼる)ことができるのでしょうか？

岐阜県七宗(ひちそう)町周辺（図4－1）には、約2億年前の中生代に堆積した地層が分布しています。その中に、花崗岩が変成作用を受けてできた片麻(へんま)岩という岩石が礫として含まれる地層があります。この地層は「上麻生(かみあそう)礫岩」と呼ばれています。礫岩層は、例えば川原でゴロゴロとした石が溜まっているところ、これが地層となったものです。当然ですがこの礫は、川原で礫岩が地層として溜まった時より古い時代に作られ、山から流れてきたものです。つまり、上麻生礫岩の片麻岩は、２億年前より古い時代に作られたはずです。

１９７０年代初めに、いろんな放射壊変時計を使ってこの片麻岩の年代測定が行われました。その結果この岩石は20億５０００万年前に固まった花崗岩が、17億年ほど前に変成作用を受けたことが解りました。変成作用とは、一旦できた岩石や地層に、いろんな原因で温度や圧力が加わり、岩石の組織や鉱物が変化する現象です。

この片麻岩の元となった花崗岩ができた時代は、地球上に初めて真核生物が登場した時とほぼ同じ、原生代の初めです。この礫は一体どこから流れてきたのでしょうか？　多くの研究者が日本列島の古そうな岩石を調べましたが、この礫の供給源は見つかりませんでした。一方、朝鮮半島から北部中国地域にはこの時代に形成された花崗岩が広く分布していることが知られています。このような花崗岩体から上麻生礫岩が流れてきたと考えるのが自然でしょう。もしそうならば、当時の日本列島は、しっかりと大陸の一部であったことになります。このことについては、後で詳しくお話ししようと思います。

地球上で最も古い年代を示すのは、オーストラリアで見つかったジルコンでした。

この鉱物は、二次的な熱や化学反応の影響を受けにくく、マグマから結晶した年代を保っている場合が多いのです。

20億年前という、上麻生礫岩の日本最古年代を大きく塗り替えたのも、このジルコンです。2010年に、富山県黒部市宇奈月の花崗岩の中から取り出したジルコンの年代を測定すると、なんと37億5000万年前という、驚きの値が出てきました（図4－1）。この花崗岩ができたのは2億5600万年前であることは以前から解っていました。ずっと若い年代ですよね？　この花崗岩マグマが地殻の中を上昇する時に、周りにあったより古い岩石を取り込んだと考えられます。この古い岩石の中に約37億年前の年代を示す日本最古のジルコンが含まれていたのです。

それにしてもこのジルコン、ほぼマグマオーシャンが全て固まって、プレートテクトニクスが地球で作動し始めた頃にできたのです。日本列島にもこんな初期地球の痕跡が残っていたことになります。なんだか少し嬉しい気分になりますね。

次は生物です。日本最古の化石は、岐阜県高山市奥飛騨温泉郷岩坪谷の火山灰からなる、おおよそ4億7000万年前の地層から見つかっています。「コノドント」と呼ばれるもので、歯の形をした小さな化石、微化石です。コノドントについては、どのような動物の歯なのか長い間論争が続いていましたが、いまではヤツメウナギのような無顎類の歯の化石と考えられています。周囲の地層からは、サンゴ、ウミユリなどの、カンブリア大爆発で地球に現れた生物たちの化石も数多く発見されています。

さて、これまで紹介した「最古」は、いずれも中部地方の飛驒やその周辺でみつかったものです。この地域は日本列島で最も古い地質帯なのです。一方、これから紹介する日本最古の地層は、茨城県常陸太田市で２０１０年に発見されたものです。日立変成岩と呼ばれる岩石ですが、その中の火山灰層（凝灰岩）の年代をジルコンの放射壊変時計を用いて測定すると、５億１１００万年前にできたことが解りました。

ここで重要なことがあります。この火山灰層の周囲に産するほぼ同時代の火山岩の化学組成を調べると、これらは今の中国内陸部の火山のような大陸のど真ん中にできた火山ではなく、沈み込み帯でできた火山らしいのです。つまり、日本列島は約5億年前には、既に沈み込み帯だったことになります。20億年前から5億年前までの記録は日本列島には残っていません。おそらくその間は安定した大陸の一部であったものと思われます。それが一転、５億年前頃に大陸の周囲でプレートの沈み込みが始まり、それ以降、日本列島はずっと沈み込み帯であり続けたのです。

成長する日本列島——付加体の形成

約5億年前に沈み込み帯となった日本列島は、その後どんどんと成長していきました。私たちも同じですが、体が成長するということは、筋肉がついて、骨が大きく太

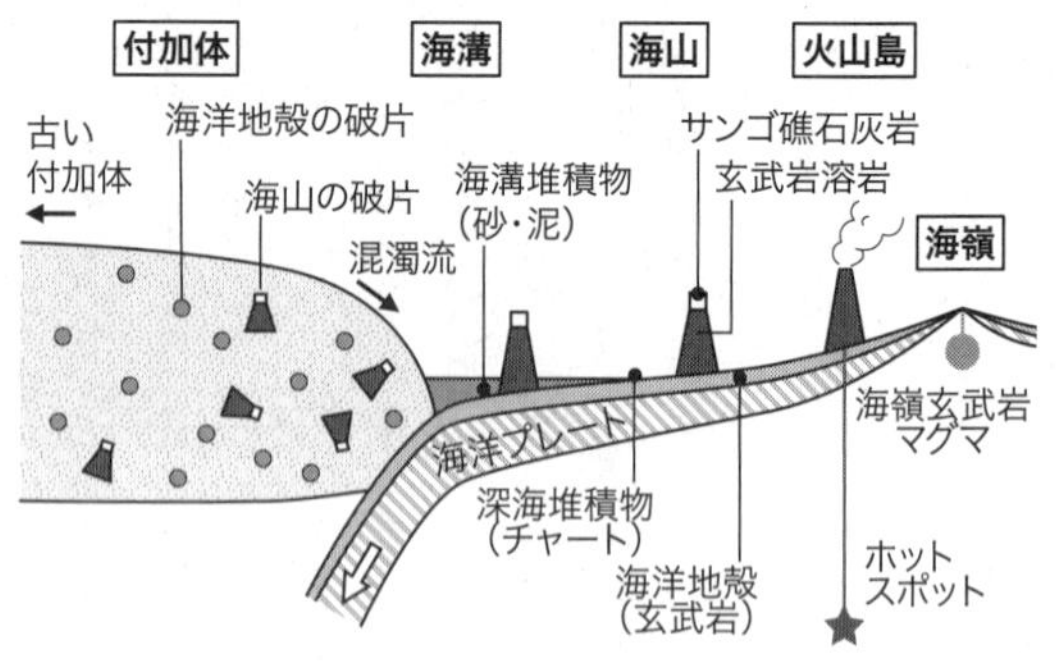

図4－2　沈み込み帯における付加体の形成
海洋物質（海洋地殻、海山、海溝堆積物など）がプレート運動によって掃き寄せられて付加体が成長していく。

くなっていくことです。日本列島でも同じようなことが起こりました。まず、肉を付けていった現象についてお話ししましょう。

沈み込み帯へ押し寄せてくる海洋プレートには、いろんな物質が乗っかっています（図4－2）。まるでベルトコンベアーのように、プレートはいろんな物質を運んでいるのです。海嶺で作られた海洋地殻の上には、海嶺からプレートが離れて行くにつれ、ケイ素の殻を持つプランクトンの遺骸（いがい）が降り積もっていきます。深海堆積物です。これが固まると「チャート」という岩石になります。この岩石は、古くから火打石として使われてきました。深海堆積物のほとんどはチャートなのですが、その理由は二つあります。まず、大洋の真ん中では、陸から泥などは運ばれてこないこと、そして二つ目は、石灰質プランクトンの殻はケイ素質の殻と違って炭酸カルシウムでできていて、深海では海水中に溶解するので堆積物としては残らないためです。

海洋プレートの上に、新たに火山ができる場合があります。先にも述べたように、例えばハワイ島のようなホットスポット火山です。この火山には、地球深部に固定された熱源からマグマが供給されます。ホットスポットは移動しないのに火山島の乗ったプレートは移動するので、プレートの上には次々と新たな火山島が形成されます。この繰り返しによって、火山島が連なる海山列が作られるのです。また、火山島が赤道に近い温暖な海域でできた場合には、海山の上には珊瑚礁(さんごしょう)が成長します。このような海山もプレートとともに海溝へ押し寄せて来ます。

プレートが沈み込み帯に近づくと、次第に陸源の泥や場合によっては砂も堆積するようになります。さらに海溝には、海溝堆積物と呼ばれる、陸源の砂や泥が溜まっています。これらは、陸側の斜面に溜まっていた堆積物が、海底地滑りに運ばれて海溝に堆積したものです。

こんなにいろんな物質がプレートの上に乗っかっているのですから、プレートが海溝から沈み込む時には、これら全部がプレートと一緒にマントルへ入って行くことはできません。その結果、沈み込めない物質はプレートからはぎ取られて、陸側のプレートにペタペタとくっついていくことになります。

　このようにして陸側プレートに付け加わった部分を、「付加体」と呼びます。付加体には、海洋地殻、チャート、ホットスポット火山の溶岩、珊瑚礁、海溝充塡堆積物などの多様な岩石や地層が含まれています。これらの物質が掃き寄せられるようにくっつくのですから、もともとの地層や岩石はバラバラになって混ざってしまいます。フランス語ではこの状態は「混合」を意味する「メランジュ」と呼ばれています。私のようなマグマ学者には、メランジュを見ても、とにかくグチャグチャで何がなんだか全く解りません。しかしその道のプロたちは、この混沌の中のチャートや海溝充塡堆積物に含まれる化石を仔細に調べることで、付加体が形成されたプロセスや年代を明らかにしていきます。そして、図４－２に示すように、付加体が次々形成されると、陸域では、海溝から離れるほど古い付加体が分布することを明らかにしたのです。

　さて、日本列島に目を向けてみると、いくつかの付加体が、列島の延びの方向に帯状に並んでいることが解ってきました。特に西南日本では顕著ですが、海溝へ向かって、すなわち南へ行くほど若い付加体が分布することも確認され、日本列島には大きく分けて四つのステージの付加体が分布していることが明らかになりました。

　最初の付加体は約２億５０００万年前、山口県の秋吉台や福岡県の平尾台の広大な石灰岩台地を含む付加体の形成です。続いて、２億～１億５０００万年前にできた大規模な付加体があります。例えば、日本武尊の古戦場との言い伝えのある滋賀県伊吹山（やま）、秩父（ちちぶ）にある武甲山（ぶこうさん）をはじめとする石灰岩の山々、木曽（きそ）川の景勝地日本ラインの峡谷などが、この時代の付加体です。そして、１億年前には四万十（しまんと）川流域に典型的に発達する付加体が作られました。最後は、約３０００万年前から現在に至るステージです。四国や紀伊半島と南海トラフの間では、今もどんどんと付加体が成長しています。また、海山がくっついて行く姿も、地震波ＣＴスキャンで捉（とら）えられています。

なぜこのように、日本列島にはある時代の付加体だけが分布しているのでしょうか？　この原因はまだ解決されたとは言えません。ただ、現在の地球の沈み込み帯を眺めると、プレートの沈み込み角度が小さい場所では、付加体がよく発達しています。例えば西南日本には立派な付加体ができつつあるのに対して、プレートがほぼ垂直に落下するＩＢＭ弧では、付加体が殆どありません。仮にこの現象を過去に当てはめると、日本列島で付加体が成長した時にはプレートの沈み込みが低角度になったと考えられます。その原因としては例えば、海嶺が沈み込むようなことが挙げられます。つまりプレートの年齢が若くなるために温度が高くなって軽くなるのです。一方で、後に述べるように、海嶺の沈み込みは花崗岩の形成を促す可能性があります。また、日本列島では大規模な花崗岩の形成時期と、付加体の成長時期がほぼ一致しています。話の辻褄（つじつま）は合いそうです。ただこの可能性も、今後もっときっちり確かめて行く必要があります。

このようにして成長してきた付加体は、日本列島の基盤（土台）の約4分の3を占めています。まさに、日本列島は付加体によって大きくなったということができます。

日本列島に発達する付加体を説明する際に、多くの石灰岩地帯の名前を挙げました。じつはこれらは、かつて南海の島で珊瑚礁を作っていた石灰岩なのです。先ほども説明しましたが、付加体の中でもこれらの石灰岩はホットスポット火山を作っていた溶岩の上に乗っかっています（図4－2）。現在のタヒチ島やハワイ島周辺の珊瑚礁と同じ関係です。

グチャグチャに複雑な付加体の中でも、白い石灰岩や溶岩なら、私でも見つけることができます。そこで、これらの付加体の中の火山岩の化学組成を調べて、いろんなホットスポット火山の溶岩と比較してみました。すると、なんとこれらの付加体の火山岩は、現在の南太平洋、タヒチ島周辺で、約3億年前と1億年前に海底火山として噴火したものであることが解ったのです。

日本が唯一自給できる資源である石灰岩。この石灰岩は、はるばる南太平洋からプレートが運んできてくれた「お土産」なのです。ありがたいことです。

日本列島の背骨、花崗岩

日本列島は、次々と付加体がくっつくことで大きくなってきました。しかしやはり、

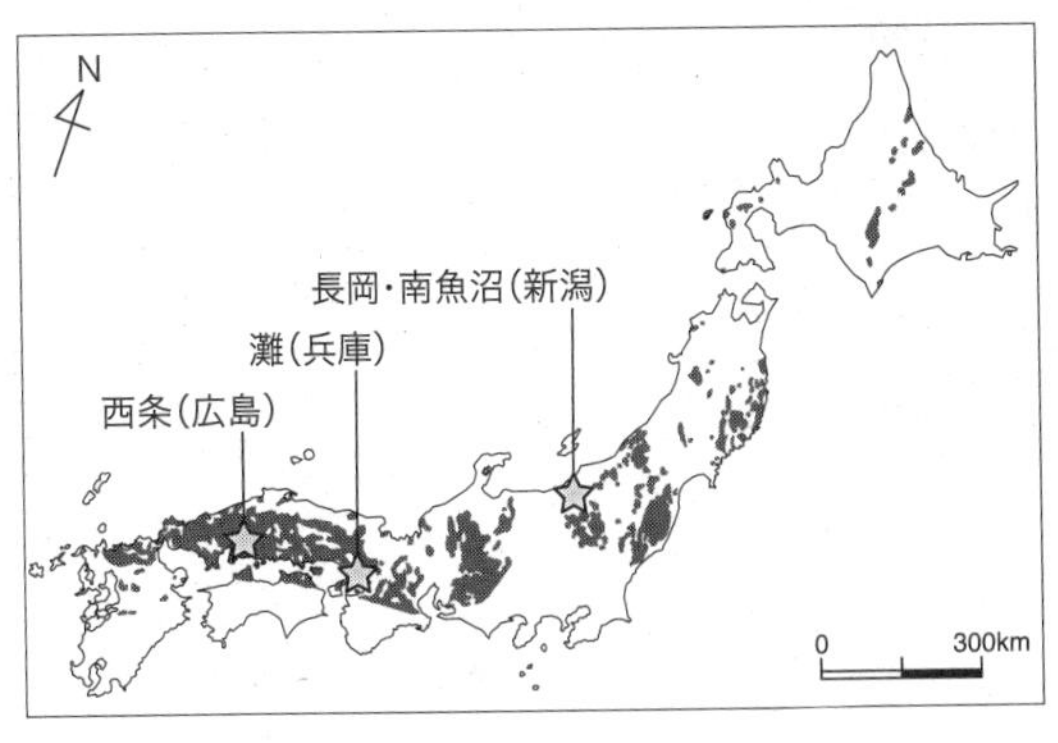

図４－３　日本列島の白亜紀花崗岩の分布と酒どころ
日本列島には白亜紀の活発なマグマ活動によって形成された花崗岩類が広く分布しています。これらの花崗岩は鉄分に乏しいため、周辺では鉄をほとんど含まない水が湧き、日本酒の仕込み水として利用されています。

成長するには骨をしっかりさせなければいけません。古来日本列島の形はしばしば竜に見たてられてきました。さしずめ竜の筋肉は付加体でしょう。そして竜の背骨は、付加体などでできている地殻に貫入した花崗岩と言えるでしょう（図４－３）。ちなみに、日本列島の面積の約１割を花崗岩が占めています。この花崗岩が削られた砂などを含めると、花崗岩質の岩石や地層は日本列島を広く覆っていることになります。

花崗岩はしばしば御影石（みかげいし）と呼ばれます。御影は神戸市の東部にある街ですが、裏山である六甲山の花崗岩の通称として用いられています。花崗岩は石材としてよく使われているので、みなさんもどこかで見たことがあるに違いありません。例えば大阪城の石垣は香川県小豆島の花崗岩、国会議事堂の外壁は広島県倉橋島（くらはしじま）の花崗岩などが使われています。

花崗岩は硬くて石材として使われる一方で、風化が進んで非常にもろくて崩れやすい「マサ」となり、土砂災害の原因にもなることもあります。

花崗岩は二酸化ケイ素を約70％含むマグマが、地下でゆっくり固まったものです。しかし、このマグマがどのようにしてできるか、実は未だよく解っていません。地球のマグマの源であるマントルが融けると、約50％の二酸化ケイ素が含まれる玄武岩質のマグマが作られるのですが、そこからさらに20％も二酸化ケイ素成分を増やして花崗岩マグマを作る巧いプロセスが、なかなかみつからないのです。

最もシンプルな方法は、玄武岩質マグマから結晶化する鉱物を取り去ることで、花崗岩質マグマを作ることです。しかしこの方法では、もともとの玄武岩質マグマの1割程度の量の花崗岩しか作ることができません。つまり、日本列島や大陸地域に広く多量に分布している花崗岩を作るには、それより遥かに膨大な玄武岩質マグマをマントルを融かして作らないといけないのです。これは簡単なことではありません。また、取り去った多量の結晶は一体どこへ行ってしまうのでしょうか？

このような問題を乗り越えるために、今は、次のようにして花崗岩質マグマができるのではないかと考えています。そのポイントは、沈み込む海洋地殻や、既に出来上がっている弧状列島の地殻などの既存の玄武岩質の地殻を融かすことです。玄武岩質の地殻が融ければ、二酸化ケイ素量が60～70％のマグマは簡単に作れるのです。

例えば、生まれたての「熱い」海洋地殻が沈み込んだとします。ひょっとしたら、先にも述べたように海嶺そのものが沈み込む場合もあるかもしれません。このような場合には、普段なら冷たくて、マントルへ沈み込んでも融けない海洋地殻も融けてしまう可能性があります。すると、玄武岩質の海洋地殻が融けて、花崗岩質マグマが作られます。

また弧状列島では、日本列島がそうであるようにマグマ活動が盛んです。もちろんマントルで作られるのは玄武岩質マグマなのですが、この高温のマグマが地殻まで上がってくると、玄武岩質の地殻が融けてしまう可能性は十分にあります。すると花崗岩マグマができることになります。

さて、日本列島の背骨である花崗岩について、話を進めましょう。放射壊変時計を駆使して調べると、日本列島では大きく分けて６回の花崗岩形成ステージがあることが解ってきました。それは、約５億年前、４億年前、２億５０００万年前、１億５０００万年前、１億年～７０００万年前、そして１５００万年前です。現在日本列島に露出する花崗岩は、殆どが４番目のステージのもので、それ以前の花崗岩は、殆ど浸食されてしまって、砂岩や礫岩としてその痕跡を残しているだけです。

先ほども述べたように、花崗岩を作るためには、何か熱的に特異な現象が起こっていた可能性が高いと思います。日本列島の花崗岩を作った6回のステージで、一体どのような事件が起こっていたのかを、これから調べて行かなくてはなりません。そしてきっとこの事件は、日本列島周辺だけでなく地球規模の事件と深い関係があると予想しています。先にも述べたように、白亜紀にはいろんな地球規模の異変が起きていました。例えば巨大な花崗岩体の形成は日本列島のみならず、環太平洋全域で起きていました。さらには海底でも超巨大な火山がいくつも活動していました。これらは何らかの原因でマントル対流が活性化された結果と考えることができます。

実は、日本列島に花崗岩や花崗岩由来の砂などが広く分布していることが、私たち日本人の生活をとても豊かなものにしています。

それは「日本酒」です。

日本酒と同じ醸造酒であるワインとの決定的な違いは、日本酒を醸すには水が必要なことです。日本酒の原料は米であり、その澱粉をブドウ糖に変える麴菌とそしてアルコール発酵を担う酵母という微生物たちの働きで日本酒は出来上がります。そしてこれらの反応をうまく進ませる役割をしているのが水なのです。つまり、良い水がなければ美味しい日本酒はできないのです。

日本酒を作る水、仕込み水に最も必要な条件が鉄分を含まないことです。鉄が含まれるとできあがった酒の香りや味が悪くなってしまうのです。

実はこの日本酒に欠かせない仕込み水の特性を引き出しているのが、花崗岩です。というのも、花崗岩は主に石英（せきえい）や長石（ちょうせき）と呼ばれる鉱物からなっており、鉄分をほとんど含んでいません。雨が降って山から平野へ流れ下る水は地表付近にあるいろんな元素をよく溶かし込みますが、花崗岩地帯を流れて湧き出す水は鉄分に乏しく、酒造りには最適な水なのです。

日本の代表的な酒どころである広島県西条（さいじょう）、兵庫県の灘（なだ）、それに新潟県の長岡（ながおか）や魚沼（うおぬま）地域の背後には花崗岩の山があるために、良質な仕込み水を得ることができるのです（図4－3）。

この国で日本酒が作られるようになった理由の一つに、白亜紀の地球大変動で作られた花崗岩の存在があるのです。

現在の日本列島の形を作った事件

図3－1をもう一度見て頂きましょう。現在の日本列島の姿を再確認するためです。日本列島は、逆「くの字」形をして、太平洋にせり出した恰好（かっこう）をしています。そして、そのせり出した部分から南へと、伊豆・小笠原弧が延びています。日本列島は、いつ

このような姿になったのでしょう？

　このようなことを考えるとき私たちはすぐに陸地の形を気にしてしまうのですが、日本列島の形は、日本海と四国海盆がその位置にあることによって決まっている、とも言えませんか？　実は現在の日本列島の成立には、この二つの海の成り立ちが大きく関わっているのです。

　沈み込み帯では、日本海や四国海盆のように、弧状列島の背後、すなわち海溝と反対側に、盆地上のくぼみができることがよくあります。このような窪地（くぼち）を「背弧海盆（はいこかいぼん）」と呼びます。第1章で強調したことですが、そもそも海と陸は地殻の構造や組成が違っているために高低差ができています。では、背弧海盆はどうなのでしょうか？　大きさの違いこそあれ、太平洋や大西洋などの大洋と同じように、海洋底が拡大してできたのでしょうか？　それとも、何かの原因で大陸地殻が引き延ばされて窪地になってしまったのでしょうか？

　背弧海盆の成り立ちを調べるために、これまで世界中の背弧海盆で、いろんな海洋観測が行われてきました。その中でも日本海と四国海盆は、最も精密に、そして様々な方法で調査が行われた所です。深海掘削船をもちいた掘削調査もいくつかの地点で行われました。

これらの調査結果で明らかになった日本海と四国海盆の形成プロセス、そして日本列島の変遷の様子を、図4－4にまとめてあります。

まず今から3000万年前、私たち「ヒト」の類縁である類人猿が、初めて東アフリカに出現したと考えられている時代です。当時の東アジアは、今と比べるとずっとシンプルな構造でした。つまり当時は、太平洋プレートだけがアジア大陸東縁に沈み込んでいたのです。この時代の火山活動の痕跡は、極東ロシアの沿海州に残っています。さらにこの沈み込みは、大陸の南に広がる海域でも起こっていました。その結果、現在の九州パラオ海嶺やIBM弧の原型である、「古九州パラオ弧」が作られていて、火山活動も盛んに起こっていました。

おおよそ2500万年前、大異変は古九州パラオ弧で始まりました。弧状列島が列島や海溝の延びと垂直な方向、つまり東西方向にまっ二つに割れ始めたのです。これが背弧海盆形成の第一段階でした。分断された弧状列島の西半分である九州パラオ海嶺をその場に残して、IBM弧が東へ移動することで、背弧海盆の拡大は進んでいきます。そして2000万年前頃には、四国海盆は相当に大きくなっていました。

この頃、もう一つの大事件が起こりました。日本海の誕生です。アジア大陸の東の端にあった沈み込み帯でも、分裂が始まったのです。その後日本海が大きくなって、それに伴って西南日本は時計回り、東北日本は反時計回りに回転しました。これは、当時の火山から噴出した溶岩流や、日本列島にできた内湾や湖に堆積した地層に残された、地球磁場の記録を解析して明らかになったことです。

そして約１５００万年前には、日本海も四国海盆も拡大は終わりました。つまりこの時期にほぼ、四つのプレートが鬩ぎあっている今の日本列島の姿が出来上がったのです。

ここでちょっと図４－４を見ていただきたいのですが、東北日本と西南日本はアジア大陸から分裂分離して、回転しながら太平洋へ迫り出しました。すると当然のように二つの間には隙間ができてしまいます。現在の日本列島はこのように二つに分かれているわけではありませんので、この隙間は何らかの方法で埋め立てられて、東北日本と西南日本がくっついているわけです。この隙間の地帯は「フォッサマグナ（大きな割れ目、という意味）」と呼ばれる地域です。どのようにしてフォッサマグナが埋め立てられたかは後でお話しすることにします。

日本海と四国海盆の形成は、日本列島の歴史の中でも最も重要な事件の一つです。しかし、このような背弧海盆の拡大がなぜ起こるか、そしてなぜ拡大が止まるのかは、未だによく解っていません。今後私たちが明らかにしなければいけない大問題です。

ところで、日本海の拡大を最初に提案したのは、随筆家としても知られる物理学者、

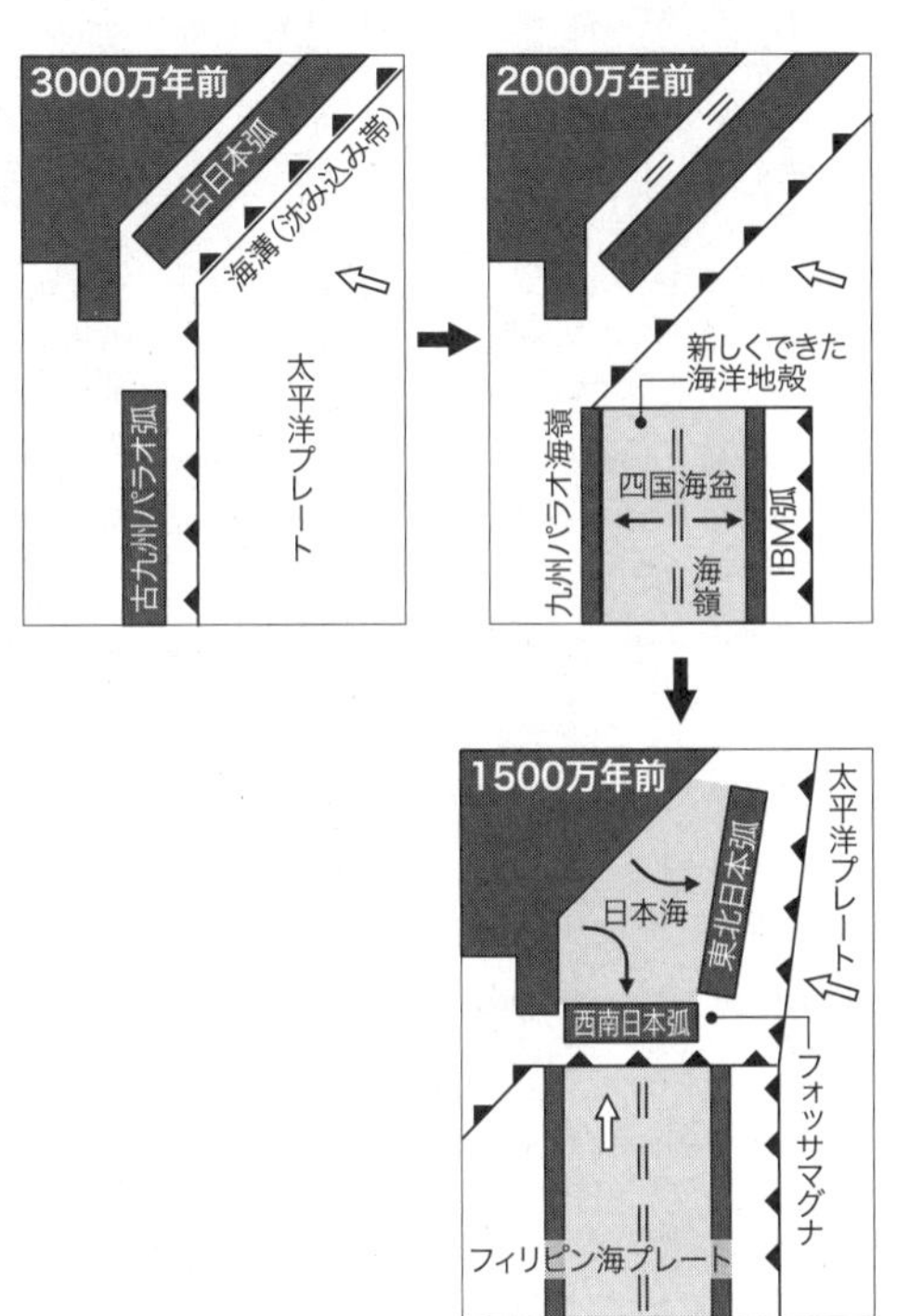

図4－4　日本海と四国海盆の拡大と日本列島の成立
これらの二つの背弧海盆の拡大によって、現在の日本列島の姿が出来上がりました。これらの事件が起こったのはつい最近、たかだか2500～1500万年前のことです。日本海の拡大によって、日本列島はアジア大陸から離れて島国になったのです。

寺田寅彦(てらだとらひこ)です。1927年にその論文を発表しています。彼の考えは、ウェゲナーの大陸移動説に触発されたことは間違いありませんが、自説を検証するために日本海に浮かぶ島と本州の距離を測量することを提案し、実行に移したのは圧巻です。もし彼が、日本海の拡大に確信を持つことができたら、その原因をどのように考えたでしょうか？　今でも未解決の問題を、偉大な先輩に少し伺ってみたいような気がします。

伊豆半島の衝突——大陸成長の現場

第2章で、地球を特徴づける大陸を作るには、海の中のあちこちの沈み込み帯で作られた大陸地殻を合体させて、大きな陸にしないといけないと強調しました。そして、伊豆半島から南へ延びるＩＢＭ弧は、大陸地殻の形成を再現している現場であることも述べました。ここではさらに、ＩＢＭ弧が本州と衝突・合体していること、言い換えると日本列島では、太古の地球で起きた大陸の誕生という大事件が、まさに今再現されていることをご紹介したいと思います。

伊豆半島の北にある「丹沢山地(たんざわさんち)」をご存じでしょうか？　東京方面から眺めると、富士山(ふじさん)の手前に大きな山塊が見えます。これが丹沢山地です。

最高峰の蛭ヶ岳(ひるがたけ)でも1673メートルと、高さはそれほどでもありません。一方でこの山地は、尾根筋と谷の標高差が大きくとても急峻(きゅうしゅん)な地形です。このような地形は、この地域では隆起と浸食が盛んであることを意味します。実はこのことが、ＩＢＭ弧の衝突と深く関係しているのです。もう一度日本列島周辺のプレートの配置（図３－１）を見て下さい。フィリピン海プレートの沈み込む場所である南海トラフが、伊豆半島の北側へ大きく曲がっていることがお解りになると思います。この屈曲こそが、伊豆半島（ＩＢＭ弧）が本州へ衝突した結果なのです。

衝突の様子を図４－５に断面図で示してあります。図４－４も一緒に見ながら考えてみましょう。ＩＢＭ弧の衝突は約１５００万年前に始まりました。この衝突の原因は、日本海が拡大して本州、正確には西南日本弧が時計回りに回転しながら南へ移動したことです。

その後、ＩＢＭ弧を乗せたフィリピン海プレートが北北西方向に移動して、西南日本弧の下に沈み込み始めます。一方ＩＢＭ弧では、太平洋プレートの沈み込みによって大陸地殻が作られてきました。この大陸地殻はマントルより軽いために、フィリピン海プレートと一緒にマントルへ沈み込むことができません。そこでＩＢＭ弧の大陸地殻は、本州にペタペタとくっついていくことになります。次々と大陸地殻が押し寄せてくるので、くっついた部分は圧縮されて隆起します。丹沢山地が急峻なのはこの圧縮隆起のせいなのです。

これが「衝突」の実態です。さらにこの衝突は、もう一つ大切な出来事を引き起こ

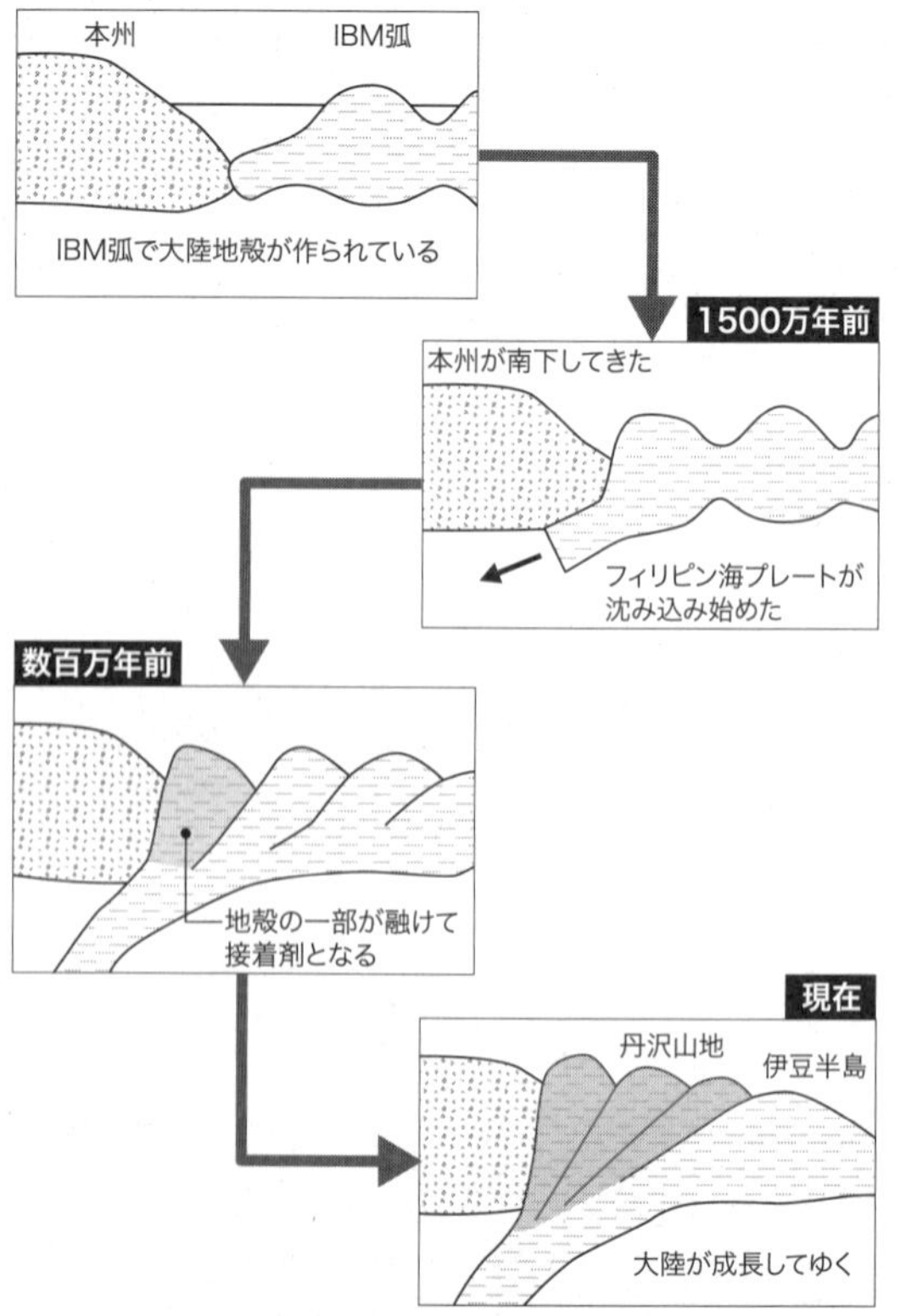

図4－5　IBM 弧の衝突と大陸地殻の成長
日本海の拡大にともなう本州の南方移動によって、IBM 弧の衝突が始まりました。IBM 弧では大陸地殻が作られていますが、本州と衝突する過程でその地殻が融けてできたマグマが接着剤の役割を果たして、大陸地殻の合体を促進しています。これからも日本列島は大きくなっていくと考えられます。

しました。衝突の途中で、少し深くて温度の高い所へ持ち込まれたＩＢＭ弧の地殻は、ちょっとだけですが融けてしまったようなのです。丹沢山地にはこのマグマが固まった真っ白い岩石が露出しています。このような衝突現象に伴って起きるマグマの発生と固結は、小規模な大陸地殻が合体して大きくなっていく時に接着剤の役割を果たしているのです。

さてここで先送りした問題を考えておくことにしましょう。それは、日本列島がアジア大陸から回転しながら分離移動した際にできた隙間である「フォッサマグナ」の問題です（図4－4）。この図を見ていただければ分かることですが、ちょうどこの隙間の南側に位置していたのがＩＢＭ弧なのです。この幸運な偶然のために、ＩＢＭ弧が衝突することでフォッサマグナが埋め立てられたのです。

フィリピン海プレートの大方向転換と変動帯日本列島の成立

日本列島には世界で起きる大地震の約1割が密集しています。このような地震大国である原因は先に述べたように、東日本には強烈な圧縮力が、そして西日本には中央構造線をずらすような引きずる力が働いて、大地がズタズタに割れていることにあります。そして日本列島は造山運動も活発で、特に東日本には、列島が延びる方向にほぼ平行に山地が形成されています。私たちが暮らす日本列島は、世界一の「変動帯」

なのです。

実は日本列島でこのような造山運動が盛んに起きるようになったのは、３００万年前からなのです。それ以前は比較的平坦であった東日本で、３００万年前から急激な隆起現象が始まったのです。また西日本でも、３００万年前から中央構造線の北側に瀬戸内海が出来始めたのです。このような大変動の原因はフィリピン海プレートにあることが分かってきました。その様子は房総半島に残っています。この半島に分布する地層の延びの方向が、約３００万年前に形成された「黒滝不整合」を境に、東西方向から北西－南東方向へと大きく変化するのです。このことは、フィリピン海プレートの運動方向がこの時期に、北向きから北西方向へと変化したことを示しています（図４－６）。

ではなぜフィリピン海プレートは突如方向転換したのでしょうか？　それは現在の関東地方の地下でフィリピン海プレートが太平洋プレートと「衝突」したことが原因なのです。太平洋プレートは当時も約30度の角度で日本海溝からユーラシア（北米）プレートの下へ沈み込んでいました（図４－６）。一方でフィリピン海プレートは、１５００万年前に日本列島がアジア大陸から分裂移動した後はほぼ北向きに日本列島の下へ沈み込んでいました（図４－４も参照）。だから北向きに沈み込んでいたフィリピン海プレートの東端は地下で太平洋プレートとぶつかってしまい、そのまま北向きに

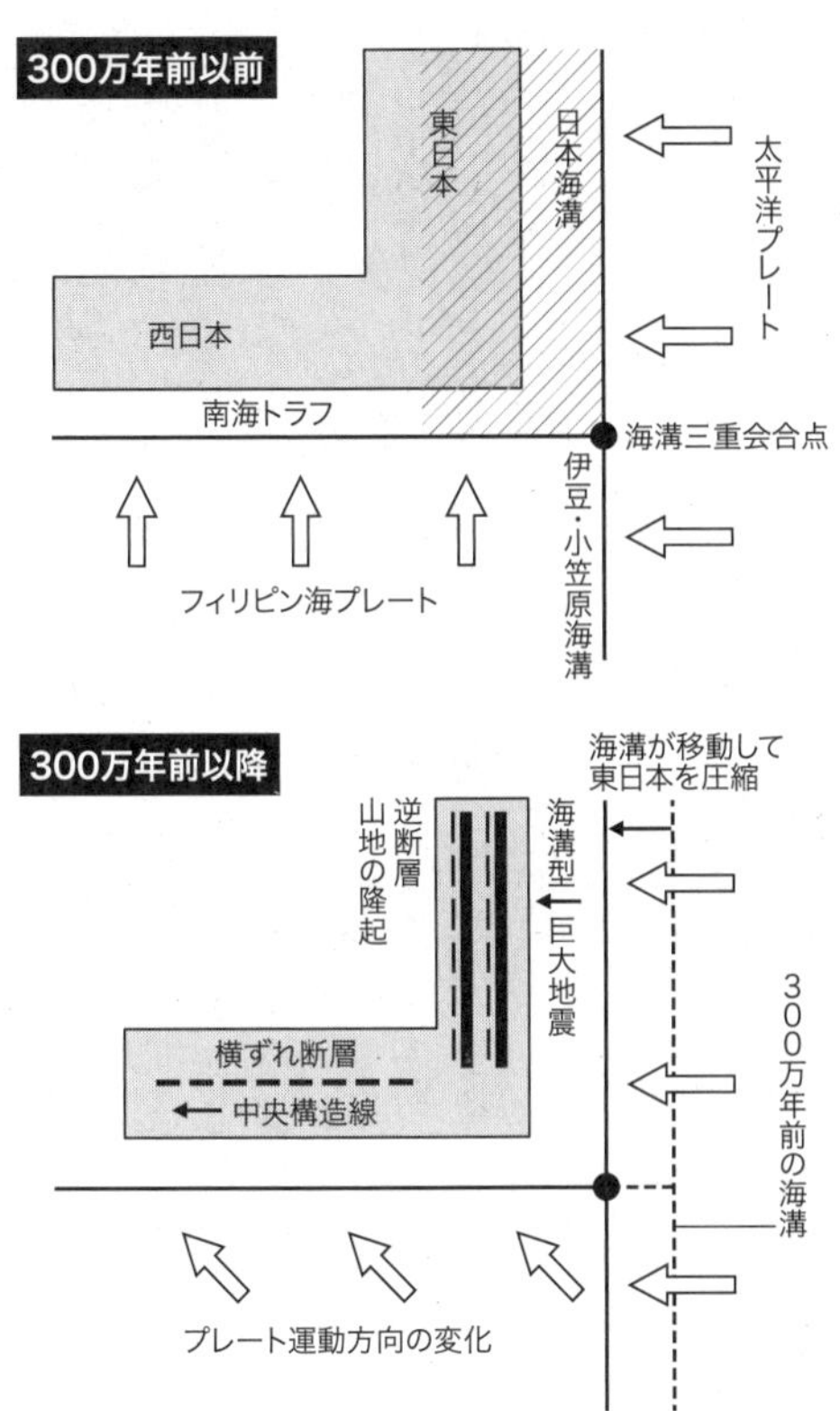

図4－6　今から300万年前に起きたフィリピン海プレートの大方向転換
北向きに沈み込んでいたフィリピン海プレートは、現在の関東地方の地下で東から沈み込む太平洋プレートと衝突しました。押し負けたフィリピン海プレートは北西へと沈み込み方向を変え、そのことで日本列島は世界一の変動帯となったのです。

ことで、小さなフィリピン海プレートは衝突から逃れるように北西方向へと方向転換を余儀なくされたのです。

フィリピン海プレートの運動方向が西向きに変わると、当然その東縁をなす「伊豆・小笠原海溝」も北西へ移動します。そしてこの時にも、南海トラフと伊豆・小笠原海溝と日本海溝が交わる「海溝三重会合点」は崩れることがなかったのです。だからフィリピン海プレート、そして伊豆・小笠原海溝の西方移動に伴って、日本海溝も三重会合点を保ちながら西向きに移動して、東北日本へ近づいてきたのです。その結果300万年前から、東北地方から日本海溝までの距離は狭くなり続けています。この海溝の移動こそが東北地方に働く強烈な圧縮力の原動力で、この力が海溝型巨大地震を発生させ、さらには山地を隆起させたのです。

一方で、フィリピン海プレートが北西方向へ沈み込むようになった西日本では、地盤を西向きに引きずるような力が働き出しました。その結果、大地の古傷とも言える中央構造線が再活性化して、その南側の地盤が西向きへ移動し始めたのです。このことがきっかけで、西日本には多くの横ずれ断層が形成され、瀬戸内(せとうち)地域ではシワがよるような変形が進んで内海が誕生したのです。

第5章　地震の話

日本列島は、地球上で最も複雑にプレート同士が影響を及ぼし合う場所に位置しています。その当然の結果として、地震活動は極めて活発です。世界中で起こる地震の約1割が日本列島の周辺で起こるとも言われています。

私たち日本人にとって、どれくらいの規模の地震がいつどこで起こるのかは重大な関心事です。そしてそれらを知るために、世界でもトップクラスの観測網が整備され、いろんな研究が行われてきました。しかし残念ながら、現時点でも将来の地震活動を予知することはできません。その最大の理由は、地盤にどれくらいのひずみが蓄積されると破壊現象が起こるのかが正確には解っていないからです。何しろ、このような変動のタイムスケールは長いのです。もちろん地球の歴史から比べるとずっと短いことは確かですが、例えば、フィリピン海プレートでは少なくとも過去300万年間、太平洋プレートは3000万年以上もの間、現在のプレート運動が続いてきました。

物質の変形や破壊を考える時、時間のスケールはとても重要なファクターですが、私たちがこれまで起こった地震を調べることができるのは、たかだか1000年にも及びません。

ここでは、地震発生のメカニズム、そして今後の地震活動の予測などについて、現在解っていることをまとめておくことにしましょう。まだまだ完全に地震の発生を予測することが可能であるとは言えません。それでも、地震についてよりよく知っておくことは私たちにとってとても大切なことです。

なぜ地震は起こるのか?

地震は、地盤に蓄積されたひずみ、あるいは変形が限界に達して、断層を境にして地盤が急激にずれて動く現象です。断層面での破壊はどのようにして起こるのでしょうか?

図5－1を使って説明しましょう。この図は、海溝型地震の発生の様子を模式的に示してありますが、他のタイプの地震でも原理は同じです。破壊が起きてずれを生じている断層面でも、全ての断層面が同じようにずれる訳ではありません。断層面の一部には、「固着域(アスペリティー)」と呼ばれる、断層の両側の岩盤が比較的しっかりとくっついた領域があります。〝asperity〟はもともとざらざらした場所を表す単語

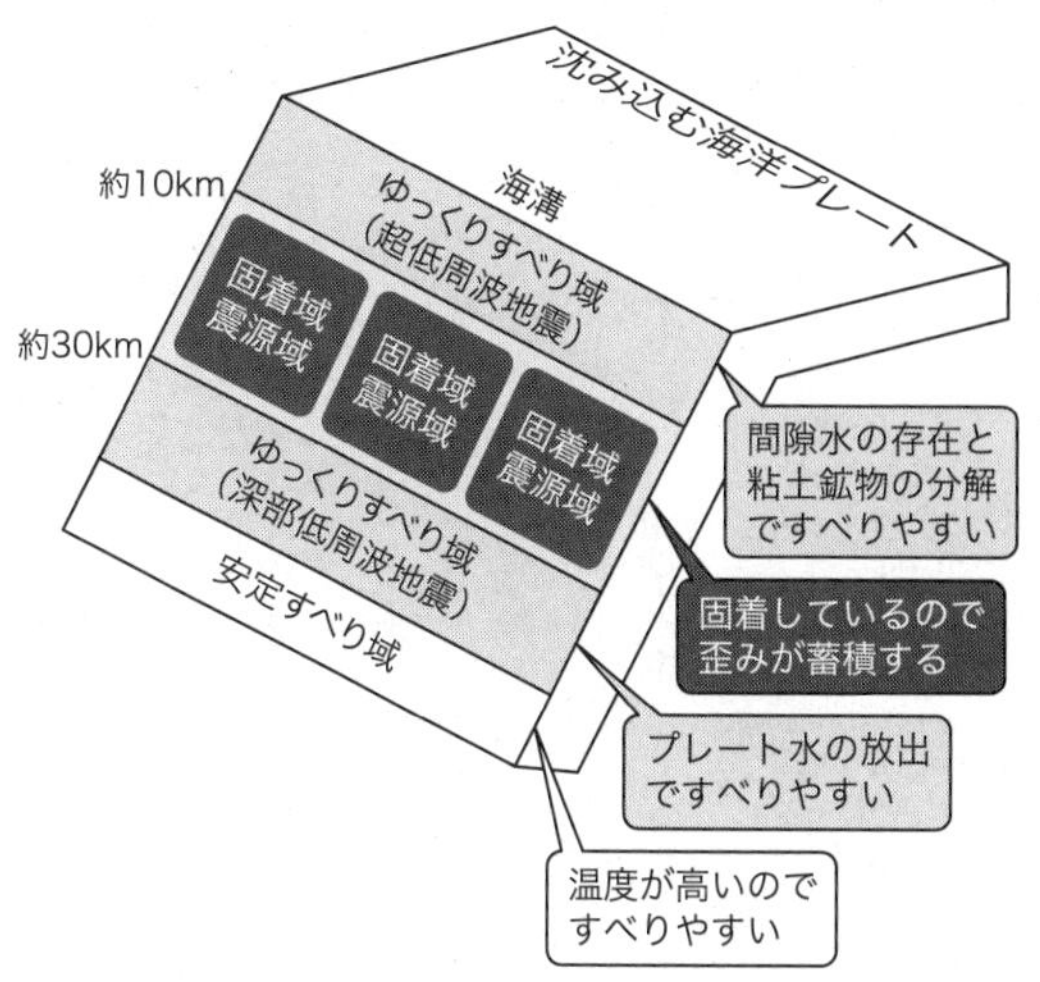

図5－1　海溝型地震の発生メカニズム
陸側プレートの下へと沈み込むプレートには、比較的滑りやすい部分と固着した領域が形成され、固着域のひずみが限界に達すると地盤が大規模に滑り巨大地震が発生します。

です。通常はしっかりとくっついているので、固着面を挟む岩盤はずれにくいのです。その結果、ひずみが溜まるのです。そしてある限界を超えると急激にずれて地震動が発生します。このような固着域がなぜできるのかは地震を予測する上でも非常に重要な問題ですが、残念ながら理由はまだ完全には解っていません。ただ、水が大きな役割を果たしていることは間違いなさそうです。

固着域の周囲には、固着域と比べて断層を挟んだ地盤がずっとゆっくり滑る領域が広がっています。この「非固着域」あるいは「遷移領域」と呼ばれる所では、相当の長期間、場合によっては年単位で、数十センチ規模のずれがゆっくりと起きています。この現象は、ゆっくりずれるという意味で「スロースリップ」と呼ばれます。スロースリップは、非常にゆっくりしたずれのため、多くの場合は地震として観測されません。また地震が起きたとしても規模が非常に小さく、また周波数が極めて低いために有感地震とならない場合が殆どです。GPS観測によって初めて地盤のずれが観測されることで、スロースリップだと確認されたものもあります。ただ地震動として観測されない場合でも、断層面でのずれは生じる訳ですから、この動きあるいは地震活動によってエネルギーが解放されていることになります。このような地震は「低周波地震」と呼ばれています。

近年になって特に南海トラフ周辺域での観測研究が飛躍的に進んで、海溝型巨大地震の震源域（固着域）より浅い所と深い所の両方で低周波地震が起きることが解ってきました。浅い所では、沈み込むプレート上面付近の堆積物の間隙水(かんげきすい)や粘土鉱物が分解して絞り出される水が存在するために滑りやすくなり、スロースリップが起きているようです。一方で固着域では水の供給が少なくなり、それより深いところでは再び水が絞り出されているのではないかと考えられています。

このようにして起きる低周波地震を、なんとか固着域が大規模にズレて発生する海溝型巨大地震の予測に使えないか？　今盛んに研究が進んでいます。巨大地震の「前兆現象」として科学的に理解できるようになることを願ってやみません。

海溝型地震が起こる固着域や非固着域を越えてさらに深い所まで沈み込んだプレートは、温度が高くなることでひずみが蓄積されにくくなります。このような所では、プレートは定常的にずるずると滑ってマントル内へ沈み込んで行きます（図５－１）。「安定すべり域」と呼ばれるこの領域では、通常は地震が発生することは稀です。

さて、固着域がどの程度の広がりでどこに分布しているか、そしてその固着域が過去にどのようなずれを起こして地震を発生してきたのか。これらを知ることは、今後の地震活動を予測する上で非常に重要です。日本海溝や南海トラフに沿った地域では、数多くの精密な観測データに基づいて、固着域・非固着域の検出が行われてきました。例えば、東北地方の沖には複数の固着域が存在すること、固着域の場所と大きさもおおよそ一定であること、固着域の中には過去数十年の間に何度も破壊を起こしたものもあること、固着域は単独で活動する場合と連動して破壊を起こす場合があることなどが解ってきました。

しかし、先の東北地方太平洋沖地震がそうであったように、四つまたはそれ以上の固着域が連動して超巨大地震が発生することは、これまで多くの専門家も予想していませんでした。宮城県沖の固着域ではM（マグニチュード）7・5の地震、福島沖ではM7・4、茨城沖ではM6・8、三陸（さんりく）〜房総沖の海溝沿いではM8・2の地震が相当高い確率で起こることは確実視されていましたが、実際にはこれらが全て連動して、M9・0の超巨大地震となったのです。

今後はこのような固着域同時連動型の超巨大地震を想定した観測・研究と、防災減災対策が必要であることは言うまでもありません。また、固着域とは一体何か、その実態を明らかにすることも喫緊の課題でしょう。

地震の規模とマグニチュード

私たちが地震を実感するのは、まず揺れです。揺れの強さ、つまり大きさと速さを表す指標は「震度」と呼ばれています。日本では、0から7まで、そのうち5と6に関してはそれぞれ強と弱とに区分されて、合計10段階で表されています。一方外国では12段階表示が一般的です。このような不一致はあまり好ましくはないのですが、気象庁が言うように建物の壊れやすさに違いがあるため、仕方ないのかもしれません。

しかし当然ながら震度は、建物の構造、地下構造、地盤の地質、震源からの距離などによって大きく変化します。例えば、光っている電球を考えましょう。同じワット数の電球を点灯しても、電球からの距離、壁による光の反射の仕方、そしてサングラスをかけているかどうかなどで、感じる明るさは変わります。電球が発するエネルギーを、異なる条件下では変わって来る「明るさ」という基準だけで推し量ることはできません。同じように、地震の規模、正確には地震によって解放されたエネルギーは震度を用いて表すことが困難です。そこで使われるのが「マグニチュード」という指標です。magnitudeは大きさや規模を意味します。

もともとマグニチュードは、震央（震源の真上の地表）から一定の距離に設置した、ある種類の地震計が記録した最大の振幅をもとに計算されたものです。地震のエネルギーが大きくなると振れ幅も大きくなるからです。振幅や地震の放出するエネルギーは大きく桁が変わるほど多様なので、マグニチュードを求める時は地震エネルギーの桁数、つまり数字の後に0が何個並ぶか（10の何乗か）で表すのが便利です。このような表し方を常用対数といいます。つまり、振幅をAミクロン、マグニチュードをmとするとAは10のm乗になります。この方法では大まかには地震の規模を表すことはできますが、地震計が設置された場所の構造上の特異性を考慮する必要があります。

現在では世界的に、「モーメントマグニチュード」が指標として用いられています。MまたはMwと略されるこの指標は、日本出身の地震学者金森博雄(かなもりひろお)博士らが提案したものです。地震を起こした断層の面積とその変位量、それに断層周辺の硬さをかけ合わせた量を地震の規模とみなして、それに基づいてマグニチュードを計算するのです。この方法は、地震が断層で岩盤同士がずれることで起こるという物理的な意味が明快であり、地震の規模を表すのに最も適切な物差しということができます。ただ、断層の規模や動いた量を正確に見積もるには、高性能な地震計を用いた数多くのデータが必要です。

一方、日本では気象庁が独自のマグニチュードを採用して公表しています。通称気象庁マグニチュード、Mjと略されます。jはJapanの意味です。このような2種類のマグニチュードが使われることでしばしば新聞上などで混乱を招く場合があり、私たちも発表されたマグニチュードがMなのかMjなのかを見極めることが必要になります。気象庁がMjを使う理由は、特に地震が起こった直後にマグニチュードを求める場合に、通常の地震計で観測された地震動の振幅を用いた方が簡便かつ十分な精度が期待されるからです。従って東北地方太平洋沖地震でもそうでしたが、当初Mj7・9と発表した数値が、その後世界中の地震計のデータを集めることで、MjからMに指標が変更されるということが起こるのです。これはある程度仕方がないことだと思います。

ここで、マグニチュードと地震のエネルギーの関係を見ておきましょう。結論を言うと、マグニチュードが1大きくなるとエネルギーは約32倍、2大きくなると1000倍になります。32はほぼ$\sqrt{1000}$です。こんなに大きく変化するのは、先程述べたように桁違いのエネルギーを表す為に対数を使っているからです。一般的にはマグニチュードが5以上7未満のものを中地震、7以上になると大地震、8以上は巨大地震、9以上を超巨大地震と呼んでいます。しかしここで気をつけないといけないことがあります。M7の大地震とM9の超巨大地震とでは、エネルギーに1000倍以上もの違いがあることです。まさに超巨大地震は桁外れのエネルギーを持っているのです。

さてここで、マグニチュードの違いを、是非直感的につかんでおいて頂きたいと思います。図5－2を見てください。この図には、M（モーメントマグニチュード）が7、8、9の場合について、破壊が起きる断層面のおおよその大きさと変位量、つまり解放されたエネルギー量のめやすを示してあります。もちろん、東京を中心に書いてあるのは便宜上のことです。M9の超巨大地震がいかに巨大な断層面を持つか、お解りになって頂けますすか？　ちなみにこれまでに起こった最大規模の地震は1960年の

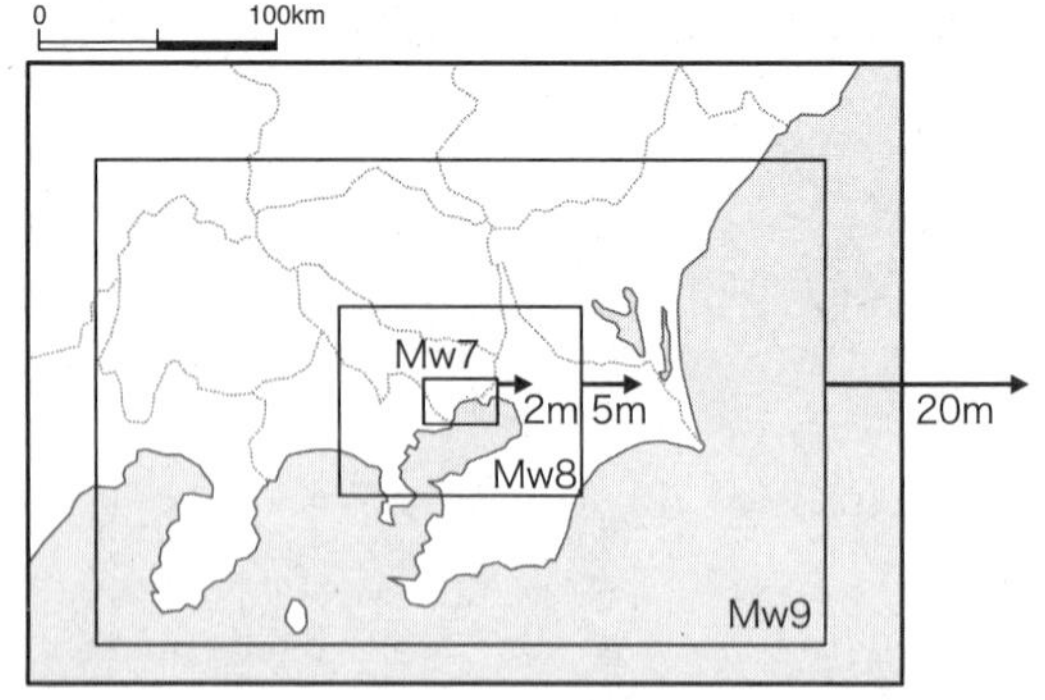

図5－2　地震で滑る領域とマグニチュードの模式図
断層が広範囲にずれて発生する大地震のマグニチュードは、ずれる面積が大きいほど大きくなります。東北地方太平洋沖地震のようなM９クラスの地震は、関東地方全域に匹敵する巨大な断層運動が原因です。

チリ地震でM９・５と言われています。

エネルギーはあまりに大きすぎてピンとこないかもしれませんが、M９の超巨大地震のエネルギーは、日本の年間総発電量のおおよそ半分程度に当たります。またよく比較に出てくるTNT火薬ですと４億８０００万トン、おおよそですが東京ドーム２４０杯分の火薬を爆発させた時のエネルギーです。これが一瞬に放出されるのです。

もう一つ理解しておいて頂きたいことがあります。それは、例えば図５－２に示したような「震源域」が、全て同時に動く訳ではないということです。最初に破壊が始まった所を「震源」と呼びますが、そこから広がる破壊は、断層面を行ったり来たり、複雑に広がっていくのです。例えば、東北地方太平洋沖地震の場合は、最初３秒間で震源付近での緩やかな破壊が始まり、次の40秒間で陸方向に破壊が進行して最大震度７の有感地震を引き起こしました。その後60秒間にわたって海溝に近い方向へ向かって巨大な滑りが発生して津波を引き起こしました。最後の90秒間でもう一度陸方向の深部まで破壊が進行して、再び有感地震を引き起こしたようです。このような破壊現象の多様性が超巨大海溝型地震の特徴なのかもしれません。今後それぞれの破壊のメカニズムやその伝わり方を解明して、それに基づいた対策が講じられることが重要です。

地震津波はなぜ発生するのか？

「津波」とは、一般的には気象現象以外の原因で起こる高波を指します。火山の噴火や隕石の衝突、地滑りによっても津波が引き起こされることがありますが、ここで取り上げるのは、地震に伴う津波、「地震津波」です。ご存じかもしれませんが、英語でも津波は tsunami と呼ばれています。

海底下に地震断層ができると、その運動によって海底面に急激な変化、隆起または沈降が生じます。それが海面を変動させて、高波となって周囲に伝わって行きます。

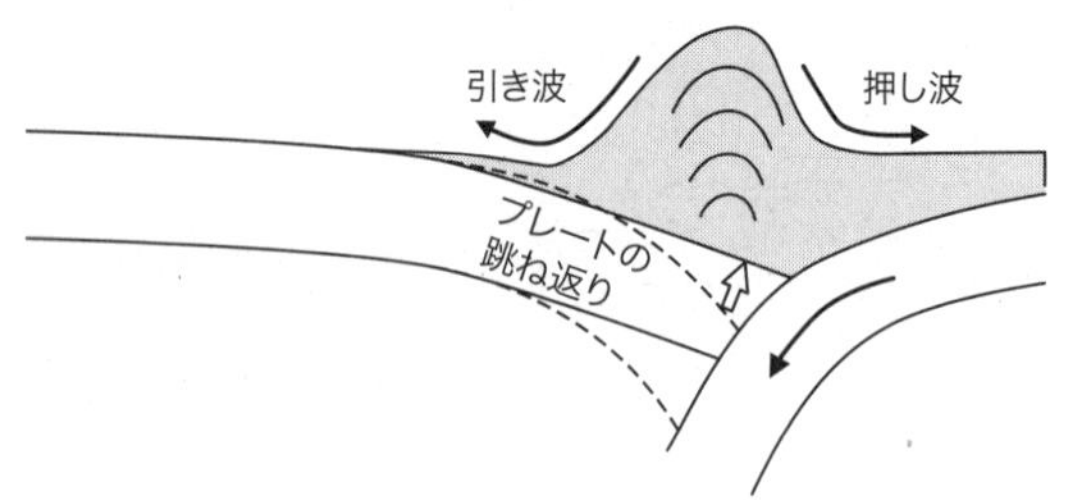

図5－3　海溝型地震に伴う津波の発生
地震による海底の変動が海面に伝わり津波を引き起こします。ここでは引き波が最初に陸地へ到達するように描いてありますが、海底地形の変化によっては押し波がやってくることもあります。

これが津波です。

図5－3に、津波が発生するメカニズムを模式的に示します。実際には断層面の位置や形状、それにその変位は複雑に変化するのですが、ここでは単純にプレートが変形に耐えきれなくなって跳ね返ったとしてあります。

プレートの跳ね返り現象によって、海底には隆起する所と沈降する所ができます。この変動が海面を下げたり押し上げたりするのです。前者がいわゆる引き波、後者が押し波として周りに伝わって行きます。ここで注意すべき点は、逆断層を生じる海溝型地震の場合でも、陸側で必ずしも最初に引き波が発現する訳ではないということです。断層の形状などによって、押し波がまず陸域に到達する場合もあるのです。「津波は引き波がまず押し寄せる」というのは単なる言い伝えであり科学的な根拠はありません。残念ながら今は地震発生直後、すなわち津波到達時に引き波と押し波のどちらがまず襲来するかを予測することはできません。津波の規模も含めて、その波の性質を正確に把握するには、海底に地殻変動などをモニターするネットワークを早急に整備する必要があります。この試みは、南海トラフ沿いの熊野灘に「地震・津波観測監視システム」として実現しつつあります。

最初に海面に津波の変動が現れる領域を「波源域」と呼びます。超巨大地震の場合は波源域も広大です。２００４年のスマトラ島沖地震では１３００キロ×１０００キロ、東北地方太平洋沖地震の場合は５５０キロ×２００キロもの大きさの波源域が形成されました。これだけ広大な領域で海面が変位するのです。そのエネルギーは膨大です。

次に津波が押し寄せるスピードを考えてみましょう。津波の伝わる速さは水深の平方根（ルート）に比例します。つまり、水深４０００メートルでは秒速約２００メートルですが、水深２００メートルの陸棚と呼ばれる領域では約44メートルです。ところがさらに陸に近づいて、水深10メートルになると秒速10メートル程度にまで遅くなります。

この津波が押し寄せる速さは二つ重要なことを示しています。まず、遅くなったとはいえ秒速10メートルです。オリンピックの１００メートル走並みのスピードなのです。ですから、津波の襲来を見てから逃げたのでは、とても間に合わないということです。地震が起きた場合には、津波警報に従って即座に避難する必要があります。

もう一つは、津波のスピードが遅くなると後ろからやってくる波が追いついて、その結果波の高さが大きくなることです。もちろんこの現象に加えて、湾が狭くなっているところでは、エネルギーは集中するので波は高くなります。これらが相まって、波源域でそれほど高くなかった津波も、沿岸域では極端に増幅されたものとなるのです。津波警報で発表される予測は、決して実際に襲ってくる津波の大きさを正確に表すものではなく、それより巨大な津波が襲来する可能性があることを知っておくべきです。ちなみに、1896年の明治三陸沖地震では最大38メートル、先の東北地方太平洋沖地震でも40メートルの津波が観測されています。巨大津波を人工物で完全に防ぐことはほぼ不可能だと言わざるを得ません。

日本列島のような沈み込み帯では、海溝型地震だけが津波を発生するのではありません。海溝よりさらに沖合、硬いプレートが沈み込む準備のために盛り上がる領域「アウターライズ」と海溝の間でも地震が発生します。いわゆるアウターライズ地震です（図3－4）。海溝型巨大地震が起こった後にM8クラスのアウターライズ地震が起こった例がいくつもあります。海溝型巨大地震が発生したことでプレート内に働く力の状態が変化してアウターライズ地震が引き起こされる可能性があります。

アウターライズ地震は陸から離れた場所で発生するため、地震動そのものはそれほど大きくないかもしれません。しかし、巨大な津波を引き起こすことは十分に可能性が高く、過去に東北地方沿岸ではこのタイプの28メートルに及ぶ津波が押し寄せた例があります。

日本列島で起こった過去の地震

今から約1600年前、西暦416年8月に現在の奈良県で起こったと日本書紀が記す地震が、日本最古の地震記録として残るものです。古代の記録は、奈良や京都などの人口密集域周辺の記録に偏っている可能性が高いと思います。江戸幕府が成立した頃からは、日本各地で起きた地震の様子や被害などが、比較的よく記録に残っています。そこで例えば18世紀以降に起こった被害地震を見ると、死者・行方不明者が1万人を超える地震は7回もあります。その中で最も甚大な被害は大正関東地震（関東大震災）の約10万5000人でした。また、やや正確性は欠きますが、M8クラスの地震が15回以上起こっています。

ここで、これらの過去の地震を網羅して解説することはできませんが、近い将来高い確率で発生する可能性のある、南海トラフ海溝型地震と、これまでに首都近郊で発生した地震、いわゆる首都直下地震について述べてみたいと思います。図5－4に、

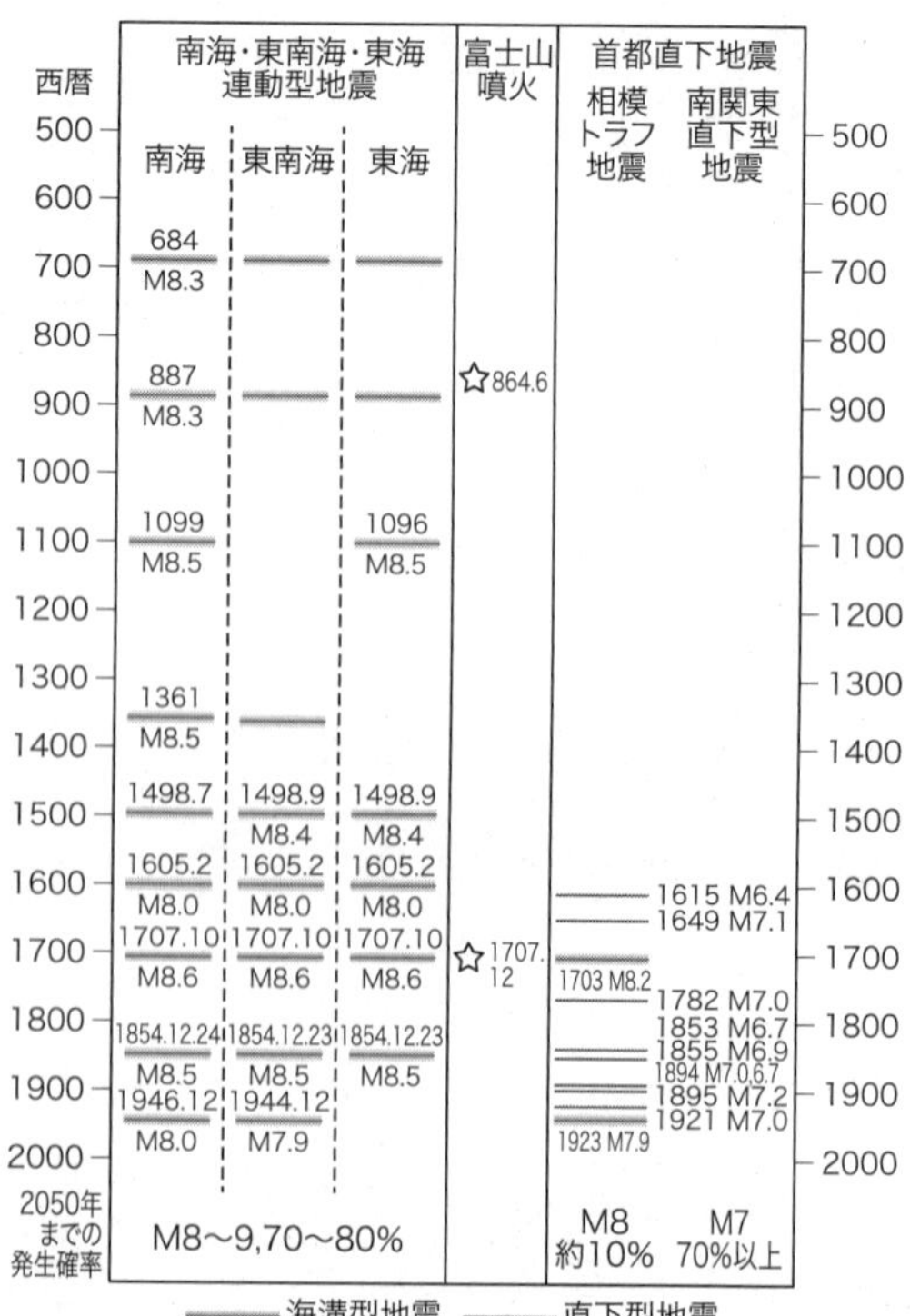

図5－4　南海トラフおよび南関東・相模トラフで発生した過去の地震

南海トラフ沿いでは、三つの震源域が連動した巨大地震が頻繁に発生しており、富士山の噴火と連動しているように見える地震もあります。東海域では150年以上地震が起こっていないためにひずみが大きく蓄積されている可能性があります。また関東でも、直下型地震の危険性が高くなっています。

これらについて、過去の主な地震発生年と分かる範囲でそのマグニチュードを示してあります。

フィリピン海プレートは、年間４～５センチのスピードで南海トラフ、相模トラフから日本列島の下へと沈み込んでいます（図３－１）。このプレート運動によって引き起こされるのが「南海トラフ巨大地震」です。この海溝型地震は、図５－４に示すように、四国沖、紀伊半島～浜名湖沖、御前崎沖の三つの震源域で発生する「南海地震」、「東南海地震」、「東海地震」と呼ばれる地震が、互いに連動して起こるものです。さらに最近では、南海地震震源域のさらに西側、日向灘沖にも震源域が存在する可能性が指摘されています。

フィリピン海プレートの沈み込み速度は、ＩＢＭ弧に沈み込む太平洋プレートと比べて約半分です。それにもかかわらず、フィリピン海プレートが巨大な地震を繰り返し起こすのは、一見不思議に思えるかもしれません。その原因は、四国海盆は最も若い所ではつい最近（１５００万年前）にできたばかりでまだ十分に冷え切っておらず浮揚性であるためです。太平洋プレートのように冷たくてスルスル潜り込むことができずに、まるで西南日本の下にギュウギュウと無理やり沈み込まされているようなもので、そのため陸側の地盤には大きなひずみが溜まってしまうのです。

南海トラフ巨大地震は過去１３００年余の間に約10回起こっています。フィリピン海プレートが現在と同じ運動を始めたのは300万年前。この長さに比べると1300年という期間は僅か約3000分の1。地震発生の周期にどの程度の意味があるかの判断は難しい所ですが、単純な平均を取ると1300年代以降では117年周期となります。この周期などに基づいて予測される将来の地震発生確率（図5－4にも示してあります）については次の節で触れることにして、ここでは図5－4を見て簡単に解る、いくつかの重要なことを述べておきたいと思います。

一つ目は、東海震源域では1854年を最後に、150年以上もの間地震が発生していないことです。この領域が「地震空白域」と呼ばれる所以（ゆえん）です。相当のひずみエネルギーが蓄積していて、地震が発生する可能性が極めて高いと考えるのが自然でしょう。

二つ目は、連動性に関することです。図を見てお解りになると思いますが、連動が必ずしも厳密に同時には起こらない、場合によっては2年程度の時間のずれもあり得ることです。三つの震源域がほぼ同時にずれる超巨大地震はもちろん、複数の巨大地震が少し時間をあけて発生する点を承知しておく必要があります。

三つ目は、南海・東南海・東海連動型地震と「内陸型」地震の関連性です。ここで言う内陸型地震とは、名古屋（なごや）・京都・大阪・神戸・岡山を含む内陸部で発生する地震を指します。内閣府中央防災会議の資料によると、これらの海溝型地震と内陸型地震の発生が相関するようにも見えます。直近の３回の南海トラフ巨大地震では、その約50年前から10年後までの60年間に、先ほどの内陸域でＭ６を超える内陸型地震が活発に起こっていたのです。海溝型地震と内陸型地震がなぜ連動するのか、またその引き金となるのは何か、科学的な解明が待たれます。

最後は富士山噴火との関連です。先の東北地方太平洋沖地震の直後にも、日本列島の複数の活火山での活動が活発になりました。巨大地震の発生により、地殻内にかかる力の状態が変化して、マグマ溜（だまり）が刺激された可能性はあります。もちろん、このことは今後科学的にきちっと検討するべき課題です。一方事実として、いくつかの南海トラフ巨大地震と富士山の噴火とは関連性があるように見えます。最も顕著な例は、１７０７年の宝永（ほうえい）地震と宝永噴火です。この時は富士山の噴火が10月に起きた地震に遅れて12月に起きました。この現象については、後ほど科学的に因果関係を考えてみることにします。一方で貞観（じょうがん）噴火（８６４年）では噴火活動が先行しています。現状ではこの関係性がなぜ起きるのかはよくわかりません。

次は首都圏周辺の地震についてお話ししましょう。関東地方の地下には、二つのプレート、つまりフィリピン海プレートと太平洋プレートが沈み込んでいます（図３－１）。従って、とにかく複雑な力がこの地域の地盤へ作用していて、地震発生のメカニズムも多様です。この地域で起こる地震、特に被害を引き起こす可能性のある地震は、大きく二つのタイプに分けることができます。一つは、相模トラフから沈み込むフィリピン海プレートが起こす海溝型地震です。１７０３年の元禄（げんろく）地震、１９２３年の大正関東地震がこのタイプです（図５－４）。もう一つは、フィリピン海プレートや太平洋のプレートの影響を受けて上盤プレート内で起こる内陸型地震です。いわゆる「直下型地震」です。首都圏周辺では、少なくともこれらの二つのタイプの地震があることを知っておいて下さい。

関東地方で起こる海溝型の地震（関東地震と呼ばれる場合もあります）は、震源が首都圏から近く（元禄地震は房総半島南端直下、大正関東地震は小田原（おだわら）市直下）、20キロ程度の浅い場所で発生したために、神奈川・東京・千葉周辺でも強い揺れと被害が起きました。

首都圏周辺の海溝型地震は、これまで2度の記録しかありません。従って、二つの地震の２２０年という間隔を、「周期」と呼ぶことが適切かどうかよく解りません。もちろん、統計的には将来の発生予測を行うことは可能ですが、固着域の力学的特性や、過去の震源域の性質を科学的に検討することが必要であることは明らかです。

首都圏近傍の内陸型地震は、図５－４では細い線で示してありますが、とても頻発しています。地震の規模はそれほど大きくない場合が多い（Ｍ７以下）のですが、なにせ直下型、しかも震源が浅いので、被害は甚大です。１８５５年の安政（あんせい）江戸地震では数千人以上の犠牲者が出たとも言われています。

地震を予測する

最近は、「地震予知」という言葉があまり使われなくなりました。地震予知とは、地震の発生する時期、場所、それに規模を前もって知ることを意味します。わが国では1965年から1998年まで国家プロジェクトとして「地震予知計画」が30年以上に渡って実施されました。もちろん、観測体制の整備や系統的な観測の実施など、多くの実績がありますが、最大の目標であった「地震の前兆現象を把握してそれを応用して地震予知を行うこと」は達成できませんでした。そんな時に起こったのが、1995年の兵庫県南部地震（阪神・淡路大震災）です。これだけの被害をもたらした大地震について、殆ど有効な前兆現象の把握、それによる予知が行えていなかったのです。この反省から、行政・研究の目標は地震予知から「地震発生予測」へと大きく転換しました。予知と予測、言葉の違いは微妙ですが、解りやすい例を挙げると、「○○地域では、今後30年の間にM7クラスの地震が発生する確率は50%で、この地震により△△地域では震度6の揺れが予想されます」という言い方が地震予測です。一方地震予知は、「○○地域で○年○月（○日）にM7クラスの地震が発生し、この地震により△△地域では震度6の揺れが起こります」というものです。

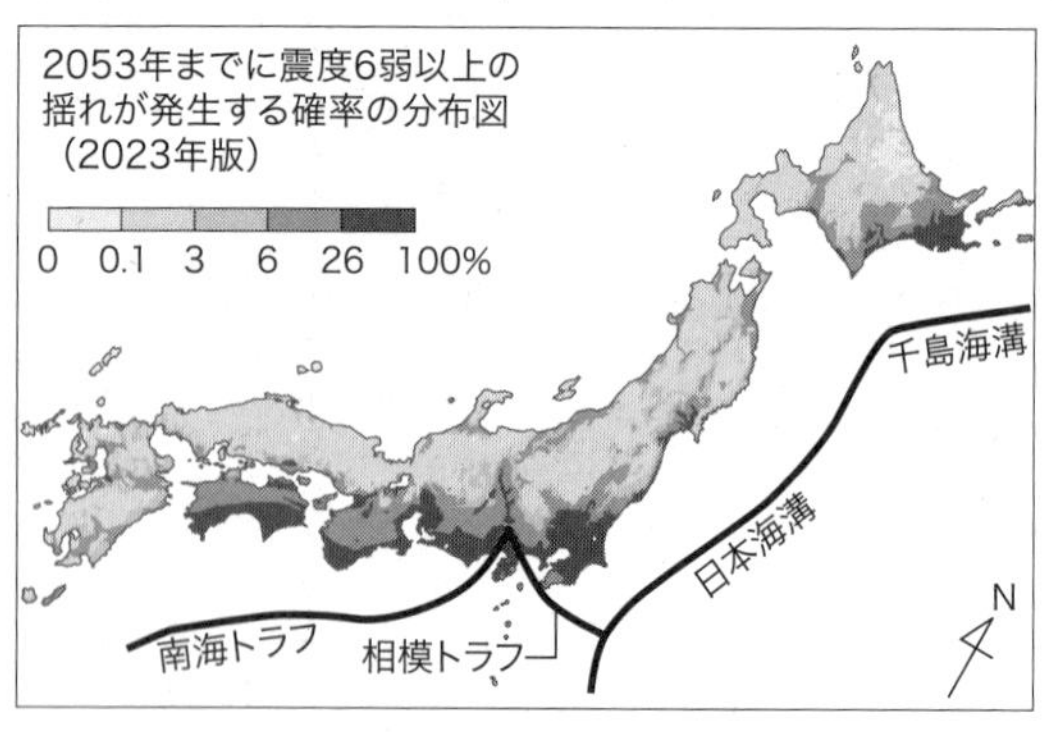

図5－5　今後30年間に震度6弱以上の揺れが発生する確率
これまでに発生した地震の規模と周期、地盤特性などに基づいて、今後の地震発生確率が求められています。ただ、確率がそれほど高くないからといって安心することはできません。
https://www.j-shis.bosai.go.jp/map/

現状では、科学的に確かな地震の前兆現象は認められていません。ですから今はまだ地震予知は不可能です。それにもかかわらず、会員を募って地震予知情報と称したものを配信したりする輩（やから）もいます。これらは単に「予言」と同じもので、全く科学的にも社会的にも価値がない、むしろ悪影響を及ぼすものであることをよく理解してください。

さてここでは、地震発生予測の一例をご紹介してその受け止め方をお話しすることにしましょう。

図5－5には、2023年に発表された、今後30年間の日本列島における地震発生確率の分布を示してあ

ります。

図に示してある発生確率は、２０２３年から30年間に震度6弱以上の地震が起こる確率です。この発生確率は、これまでの地震の規模、間隔（周期）と時期、それと想定している震源と地点との間の地盤の特性に基づいて計算します。いわゆる地盤が緩いところでは揺れは大きくなるのです。

この方法では、もしも地震発生が完全に周期的に起こってきたのならば、次の地震が何年後に起こるか確実に予測できることになります。しかし、実際はこのようなことはあり得ません。例えば図５－４にも示したように、地震発生の間隔にはばらつきがあるからです。そこでこのばらつきを統計的に考慮に入れて、平均的な地震発生周期とばらつきを適切な確率分布で表します。試験の後に、平均点○○点、偏差値○○、とデータを教えてもらったことを覚えていますか？　この確率分布は正規分布といって、平均点の所が高く盛り上がった釣り鐘のような形をした関数です。地震予測の場合の確率分布もこれとよく似た形をしていますが、蓄積したひずみが破壊を引き起こす場合の確率を表すのに適切だと言われているものを用います。

２０５３年までに震度6弱以上の揺れが発生する確率を見ると、南海トラフから相模トラフ、それに千島海溝の沿岸域で確率が高くなっています。これらの地域では海溝型巨大地震の発生確率が高くなっているからです。

一方で内陸部の地震発生確率はそれほど高くはなっていません。多くの場所でわずか3%以下なのです。この発生確率を見ると多くの人たちは「地震に見舞われる危険性はほとんどない」という風に受け取るかもしれません。しかし残念ながらそのように安心することはできないのです。

例えば、2024年元旦に能登半島を中心として最大震度7の大地震が発生しました。そうであったにもかかわらず、この地域の地震発生確率は3%程度となっていたのです（図5－5）。同じような不幸なことはこれまで何度も起きています。1995年1月17日に兵庫県南部地震が発生し、死者・行方不明者6473名にも及ぶ阪神・淡路大震災が起きました。地震が起きてから震源断層に対する多くのトレンチ調査などが行われ、地震発生前日における30年地震発生確率が求められました。その値はわずか0・02～8%という低いものでした。それにもかかわらず翌日にはあの大惨劇が起きたのです。同様のことは、2016年の熊本地震、2019年の山形沖地震などの被害地震でも認められます。決して低い地震発生確率は地震の心配がないことを意味するのではないのです。むしろ、発生確率が低くても、いつ地震が起きてもおかしくないことを意味していると捉えるべきです。

なぜこのような「ずれ」が起きるかというと、海溝型地震は比較的周期が明瞭に認められる場合が多い（図5－4）のに対して、直下型地震は周期性が乏しい、あるいは全くないためです。したがって、このような方法では直下型地震の地震発生確率を求めることが非常に困難なのです。現在公表されている値より、ずっと高い確率で地震が起きると考えるべきです。今後このことを考慮して、地震発生予測の方法を再検討しないといけないと思います。

日本列島は世界で最も地震が密集する場所であり、列島は活断層でズタズタにされていることを忘れてはなりません。この地震大国では、地震はいつどこで起きても不思議ではないのです。

私たちは、なんとなく地震の危険性の高い場所に暮らしていることは理解してはいるのですが、「自分だけは大きな被害には遭わないだろう」という厄介な感覚、いわゆる「正常性バイアス」にとらわれがちです。こんな根拠のない安心感に浸っていてはいけません。そのことを再認識していただくために、政府が２０１３年にまとめた「首都直下地震」の発生確率、予想震度分布、それに被害想定を図５－６に示しておきましょう。これは都心南部直下に横たわるフィリピン海プレートの内部で地震が発生する場合を想定しています。

この地震が起きると、立っていることすら困難な震度６以上の揺れに遭遇する「曝(ばく)露(ろ)人口」が、首都圏で２５００万人、つまりここに暮らす２人に１人が「被災者」となるのです。少しは我が身のことと覚醒(かくせい)していただけるでしょうか？

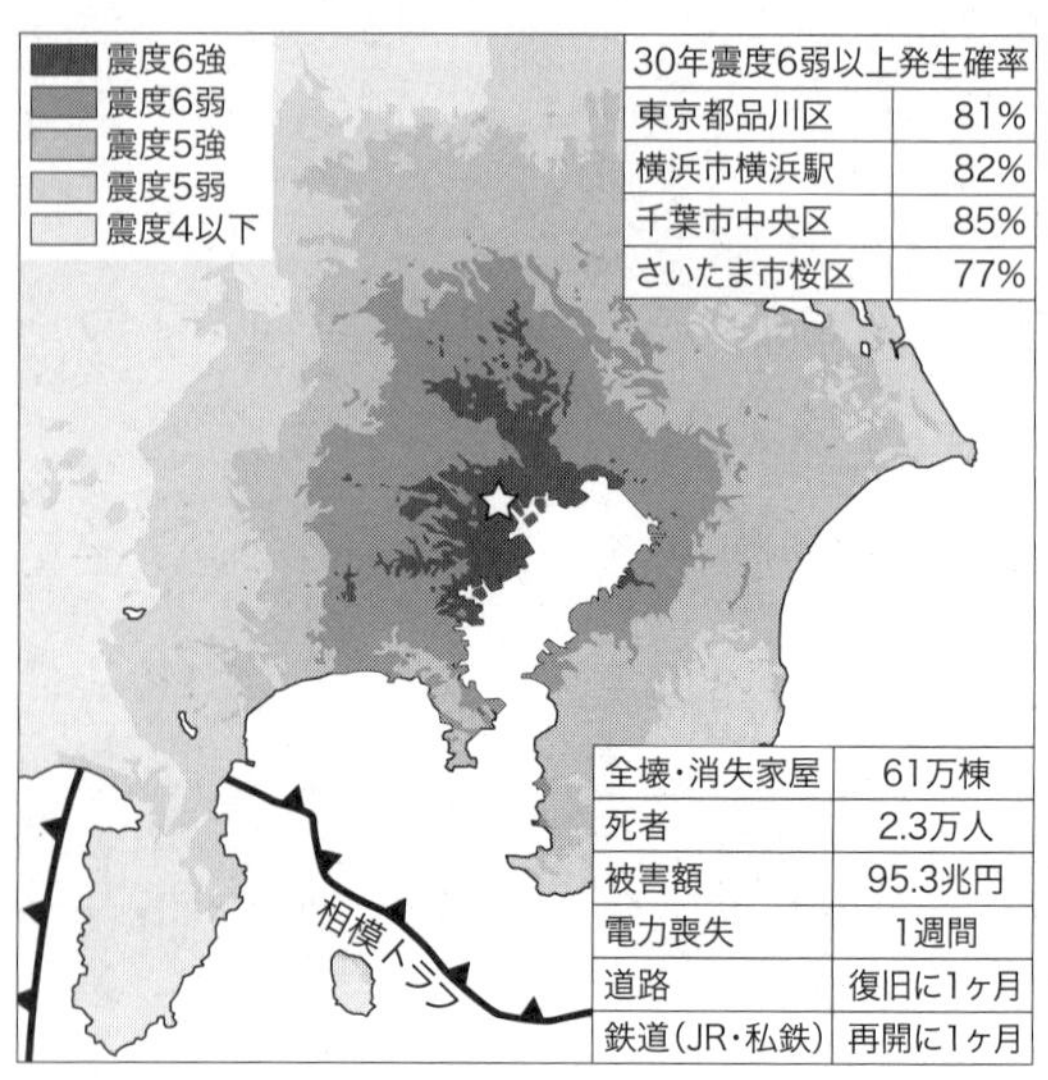

30年震度6弱以上発生確率	
東京都品川区	81%
横浜市横浜駅	82%
千葉市中央区	85%
さいたま市桜区	77%

全壊・消失家屋	61万棟
死者	2.3万人
被害額	95.3兆円
電力喪失	1週間
道路	復旧に1ヶ月
鉄道(JR・私鉄)	再開に1ヶ月

図5－6　都心南部直下フィリピン海プレート内地震の被害想定

また誰しも30年先までのことは想像しにくいのですが、１年という期間であれば実感も湧くかもしれません。計算してみると、東京ベイエリアでこの１年以内に震度６弱以上の地震に遭遇する確率は約５％に達します。何度も言いますが、これらはいずれも明日起きても不思議ではないレベルなのです。さらに、行政が試算した被害予測は被害額も１００兆円近くと、あの東日本大震災より桁外れに大きいのです。こんな大災害が、近未来にほぼ確実に起きるのです。

こんなにまで切迫した状況にあるにもかかわらず、首都機能移転は遅々として進まず、都心には超高層ビルが次々と建設されて、人々は首都圏で暮らす豊かさを謳歌しています。まず私たちが近々地震が必ず起きることに対して相当の覚悟を持って備えることが必要で、その覚悟を基に行政を動かすことが重要だと感じます。

第６章　火山の話

「山紫水明」。幕末の文人、頼山陽（らいさんよう）が形容した京都東山（ひがしやま）と鴨川（かもがわ）だけでなく、日本の山と川の美しさを見事に表す表現ですね。日本列島には３０００メートル以上の山が21座ありますが、実は最高峰の富士山を始めその半分以上は火山なのです。つまり日本列島の景観には、火山は無くてはならない存在だと言うことができます。

ここで言う「火山」とは、第四紀に形成されたものを指しています。一般的にこのような使い方をするのは、火山特有の地形が残っている、いわゆる火山らしい形をしたものを火山と呼ぶようにするためでしょう。もちろん日本列島にはもっと古い時代の火山もたくさんあるのですが、このような「化石火山」は、殆どの場合浸食が進んでしまっていて、火山地形を残していません。例えば、非業の死を遂げた大津皇子（おおつのみこ）を想う大伯皇女（おおくのひめみこ）の歌でよく知られている二上山（にじょうさん）。実は私はこの山を毎日眺めて育ったのですが、その優しい姿は「瀬戸内火山帯」とよばれる約１３００万年前の火山がその後の浸食で形をかえたものです。この火山帯には、槍(やり)ややじり、石包丁などに広く使われた「サヌカイト」が産することで知られています。

私たち日本人は、火山とは深く関わり合いながら暮らしてきました。もちろん火山現象は、地球の営みの一つの現れであるのですが、日本人にとってはある意味で火山は特別な存在ということができると思います。

この章では、日本列島のような沈み込み帯でどのようにして火山ができるのか？ 火山はどんな活動をしているのか？ そして火山の恩恵などについてご紹介することにしましょう。

なぜ日本列島に火山ができるのか？

日本列島の下には、海洋プレートが潜り込んでいます。何度も言ってきましたが、プレートは冷たくなって重くなるからこそ、マントルへ落っこちて行くのです。そんな冷たいプレートが沈み込む所で、なぜ熱いマグマができるのでしょうか？ 冷たいプレートが入り込めば、マントルは冷やされてしまいそうなものです。実はこれは、長い間地球科学者を悩ませてきた大問題なのです。もちろん今でもまだ謎の部分も多いのですが、基本的なメカニズムは相当よく解ってきました。

この分野では、日本の研究者が常に世界をリードしてきました。世界中で最も火山が密集する地に暮らしているのですから、当然かもしれませんね。私がまだ大学院の学生だった頃、週1回木曜日の4時半からセミナーがありました。先生方、先輩や仲間たちを前にして、自分が見つけたことや解ったことを紹介するのです。その後世界中でいろんな研究発表の場を経験しましたが、あれほど自由でしかも緊張感のあるセミナーは経験したことがありません。今から思い返せば、あのような雰囲気こそが世界をリードしていた証なのでしょう。ここでは、こんな場所で生まれたモデルも含めて、これまでの研究のエッセンスを紹介しながら、先に述べた「矛盾」を巧く説明してみたいと思います。

これまでにも何度か、沈み込むプレートを水を含んだスポンジに喩えてきました。プレートがマントルへと潜り込むと周囲の圧力は高くなり、プレートはぎゅっと圧されるようになります。すると、スポンジを手で握ったのと同じで、プレートから水が絞り出されるのです（図6－1）。ただ、プレートから絞り出された水は、軽いので上へ移動して行きます。

ここで少しややこしい話なのですが、頑張って付いてきて頂きたいことがあります。それは、沈み込むプレートと、その上にあるマントルはどちらもスポンジの性質を持つのですが、その特性が違うということです。マントルスポンジの方が、強く圧してもあまり縮まずに水を保つことができるのです。この性質は、プレートとマントルの

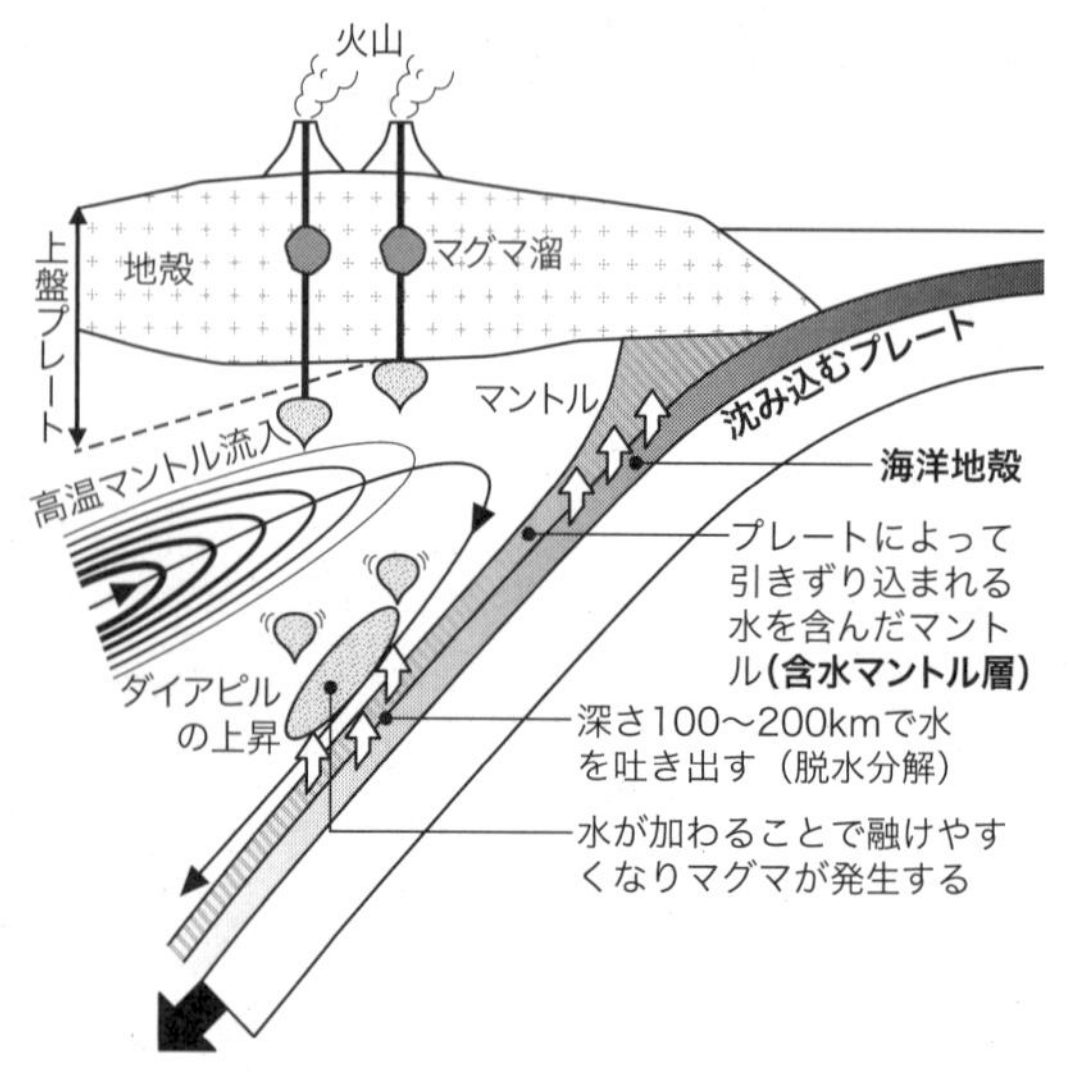

図6－1　沈み込み帯におけるマグマ発生のメカニズム
沈み込むプレートや含水マントル層から絞り出された水がマントル物質の融点を下げてマグマが発生します。このマグマを含むダイアピルが高温マントルによって加熱されて、熱いマグマが火山を作ります。

化学組成の違いによります。何故これが重要かというと、この特性のために、プレートから絞り出された水はマントルスポンジに再び固定されることになります。水を含んだマントル、「含水マントル」の形成です。

ここで、ある思考実験をしてみたいと思います。ねっとりと流れる性質を持つマントルの中に、硬いプレートが入り込んだ状況を思い浮かべてみて下さい。何が起こるでしょうか？　そうです、マントル物質はネバネバですから、プレートの表面に沿って引きずられますよね。この現象は沈み込み帯でも当然起こります。プレートのすぐ上にできた含水マントルが、プレートの表面に沿って引きずり込まれるのです。さまざまな実験結果から、このマントルスポンジは、約１００キロの深さになると水を吐き出すことが解っています。世界中の沈み込み帯で、１００キロの深さのプレートの直上に火山前線が作られるという大きな特徴は、このマントルスポンジの特性が作り出しているのです。

さて、ここで水が大変な事態を引き起こします。水には物質の融点を下げる働きがあります。つまり、水が加わると物質は融けやすくなるのです。マントルも例外ではありません。マントルスポンジから供給された水は、約１０００度になると、マントルを融かし始める。マグマの発生です。

液体のマグマは固体のマントルよりも軽いですよね。このために、融け始めたマントル物質は、その上の融けていないマントルよりも軽くなります。重い物が軽い物の上にある、この状態は明らかに不安定です。ホットスポットから熱くて軽いマントルプルームが上昇するのと同じように、軽くなったマントル物質が不安定を解消するために玉コロ状に上昇するのです。この玉コロはマントルプルームと原理は同じであるものの、大きさはずっと小さく、「ダイアピル」と呼ばれます。ギリシャ語で貫入するという意味です。

ダイアピルは硬い上盤プレートの底まで達すると、頭打ちになってそれ以上は上昇できません。そうなると、軽いマグマはダイアピルから分離して、地殻を割りながら上昇し始めます。そして周囲の地殻と重さが釣り合った所で、「マグマ溜」を作るのです。ここから先の噴火過程については、次の節で述べることにします。

この火山形成プロセスでは、水がマントル物質の融点を1000度まで下げることが重要なポイントです。しかしこれだけでは沈み込み帯のマグマは、他の地域、例えば海嶺のマグマに比べて低温になってしまいます。事実はそうではありません。日本列島の火山で最も高温の溶岩は1200度くらいで、海嶺のマグマとほぼ同じ温度です。さらに、私たちが実験したところ、東北日本の火山の下では、ダイアピルは1400度近い高温であることが解ったのです。どうしてもともと1000度であったダイアピルがこんな高温になってしまうのでしょうか?

ここで思い出して頂きたいのは、プレートの沈み込みによって、マントルが引きずられていることです。一方的に引きずられているのでは、マントルの中で物質が不足しますよね。それは困りものです。沈み込み帯のマントルではこの不足を補うために、深い所から物質を補給しています。一方で深い所ではマントルも高温です。このように高温のマントルが浅い所へ流入することで、沈み込み帯の火山の下には高温の領域が作られ、ダイアピルがこの領域を通過する時に1400度程度まで熱せられてしまうのです。

火山の下に存在する高温のマントル。このことで思い出すことがあります。まだ幼稚園児だった少年が、二上山を見ながらおばあちゃんと歩いていました。「ねえ、なんで二上山はもう火を噴かへんの？　この辺には火山はでけへんの？」この多少理屈っぽい幼児には、新聞に載っていた噴火する阿蘇山（あそさん）がうらやましくて仕方なかったのです。おばあちゃんの答えは、「あかんねん。もうこの辺は冷たなってしもたんや」。あまりにも的確な答えには、マグマ学者もびっくりです。

火山はなぜ噴火するのか？

火山の噴火にはいろんなタイプがあることはご存じだと想います。日本列島の多くの火山のように激しく噴煙を噴き上げて火山灰をまき散らすような爆発的な噴火もあれば、ハワイ島のキラウェア火山のようにサラサラの真っ赤な溶岩を河のように流す噴火もあります。このような噴火のタイプの違いは、マグマの化学組成の違いが原因で起こります。マグマの中に一番多く含まれる成分は二酸化ケイ素ですが、この成分が多いほどマグマはネバネバになるのです。二酸化ケイ素はマグマの中で互いに手を繋いてネットワークを作る性質があって、そのためにこの成分が多いとマグマ全体がしっかり繋がった状態、つまり粘っこくなるのです。こうなると、マグマは流れにくくなり、ガスが発生しても抜けにくいために大爆発を起こしてしまいます。日本列島のマグマは二酸化ケイ素が多い安山岩質の場合が多いのでこのタイプの噴火がよく見られるのです。

では次に、噴火のメカニズムを解説しましょう。周囲より軽いことが原因でマントルから上がってきたマグマは、地殻の岩石との密度差が無くなると、もはや上昇できなくなり「マグマ溜」を作ります（図6－2）。

この図ではマグマ溜は一つだけ書いてありますが、多くの火山には、さらに深い所にもっと高温のマグマ溜が存在します。そして時々、この深いマグマ溜から熱いマグマが上がってきて、浅い方のマグマ溜に供給されるのです。そうするとマグマ溜が加熱されて、その結果マグマに溶け込んでいた水分などの揮発性成分が活性化されてガス化、つまり発泡現象を起こすのです（図6－2の一般的な噴火）。ガス化すること

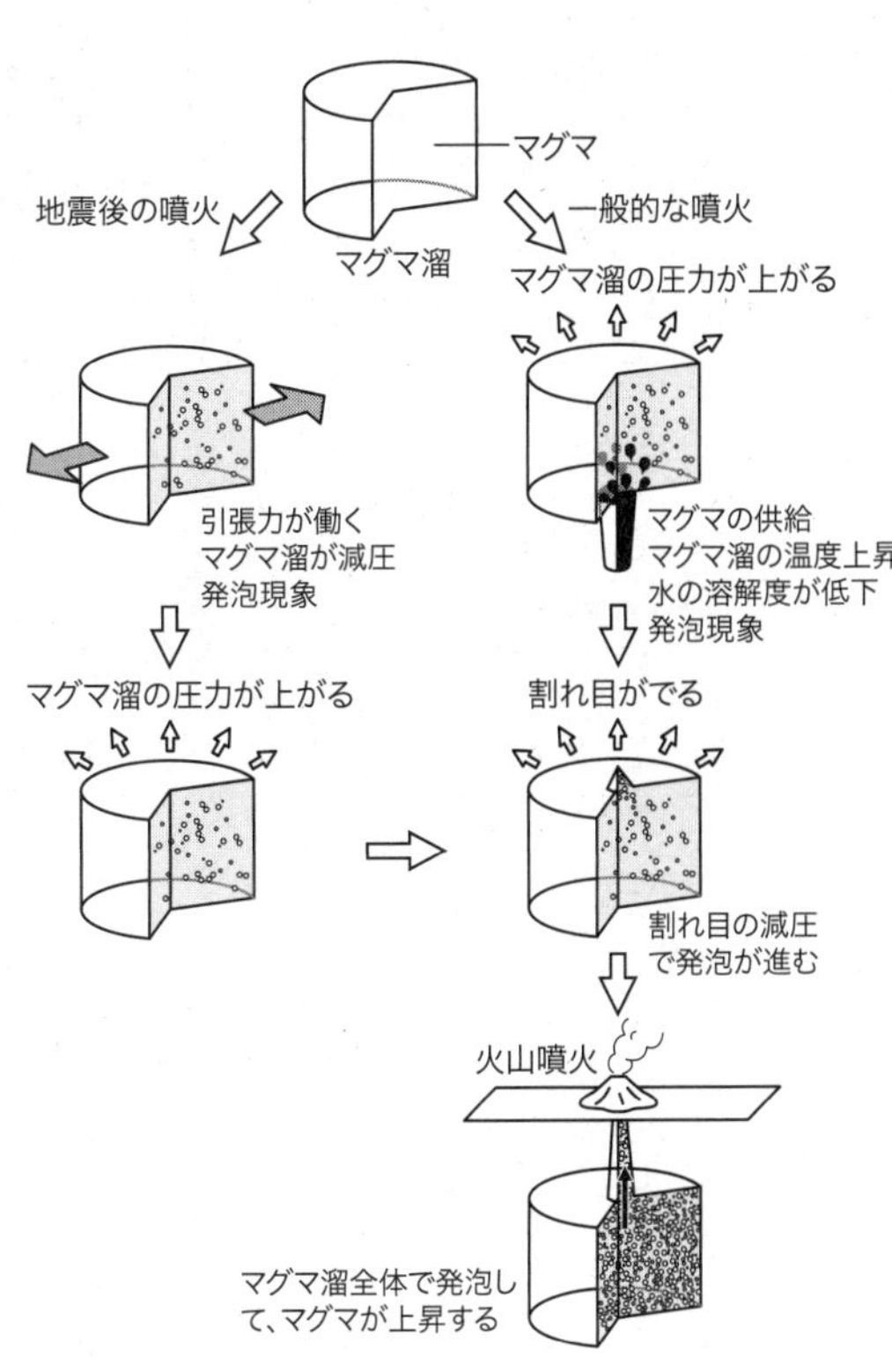

図6－2　火山噴火のメカニズム

で体積が格段に大きくなるために、マグマ溜は膨張して圧力が上がります。そうなるとマグマ溜の壁に割れ目が入ることになります。前の噴火で作られた火山へのマグマの通り道（火道）は、言わば古傷のようなもので、圧力が高まるとそこが割れてしまうことがよく起こるのです。

割れ目ができるとその部分では圧力が下がります。ここでマグマをコーラやサイダーのような炭酸飲料に置き換えて考えてみて下さい。マグマの中にもコーラと同じように、水や二酸化炭素などのガス成分が閉じ込められています。コーラの栓を開けると圧力が下がって、アブクが出て瓶の外へ溢れ出ることがありますよね。このような現象が「発泡」です。同じことがマグマ溜にできた割れ目でも起こって、割れ目付近のマグマからアブクが出てくるのです。

発泡が起きるとマグマの体積は急に大きくなります。急に膨張したマグマは軽いガスを多量に含むのですから、割れ目を広げながら地表へ向かって上昇を始めます。そして遂にマグマが地表へ溢れ出すと噴火が起こるのです。一旦火道が出来上がると、マグマ溜全体の圧力が下がることになり、より大きな噴火へと移り変わって行く可能性があります。

さきほど、二酸化ケイ素成分の多いマグマはネバネバだと言いました。そんなネバネバしたマグマの中で発泡現象が起きた時には、アブクも簡単には移動することができません。つまり、ガス成分がマグマから抜けにくい状況で発泡が進むので、その結果大爆発を起こす可能性が大きくなるのです。一方で二酸化ケイ素成分の少ない、例えば玄武岩質のマグマは比較的サラサラであるために、マグマからガスが抜けやすいのです。これが原因で、玄武岩質の火山では大爆発ではなく、サラサラの溶岩を流すタイプの噴火が多くなります。

さてここで、もう一つ別の火山の噴火メカニズムを考えてみることにしましょう（図6－2の地震後の噴火）。このメカニズムを考える上で重要な事実は、1707年に南海トラフ巨大地震が起き、その後に富士山が宝永噴火を起こしたことです。同じような現象は、2011年の東北地方太平洋沖地震（東日本大震災）後にも起きました。富士山をはじめとして東北日本のいくつかの火山で、マグマが活性化したことを示す火山性地震の活動が認められたのです。草津白根山（くさつしらねさん）などで水蒸気爆発が起きましたが、幸いなことに大きな噴火には至りませんでした。

海溝型巨大地震が発生するのは、太平洋プレートやフィリピン海プレートによって引きずり込まれていた日本列島を乗せた陸側のプレートが跳ね返ることが原因です。このような地震が発生する前は、図3－2に示したように日本列島の地盤はギュウギュウ圧されているような状況にあったのですが、プレートが跳ね返ることでこの圧縮はなくなり、地盤は逆に引き伸ばされるようになりました。このように地盤に働く力が変化することで、マグマ溜には引っ張り力が働くことになったのです。

そうなると引っ張られたことでマグマ溜の圧力が下がり、サイダーの栓を抜いたのと同じ状況になり、泡が発生したはずです。このことでマグマ溜の圧力が上昇して、噴火に至る可能性があるのです（図6－2）。

火山の寿命と活火山、休火山、死火山

1960年代中頃までは、火山は「活火山」、「休火山」、そして「死火山」の3種類に分類されていました。活火山は現在噴気活動や噴火を繰り返す活動的な火山、休火山は過去に噴火記録はあるものの現在は活動していない火山、死火山は有史以来噴火記録のない火山を指していました。しかし、今はもうこの分類は使われていません。その理由は、火山の寿命はおおよそ数十万年。「有史」という時間スケールより遥かに長いからです。全く噴火記録が無かったために死火山と分類されていた山が、最近になって爆発を起こすことがよくあります。例えば、長野県と岐阜県の県境にある御嶽山（おんたけさん）には噴火記録は無く、長い間死火山だと考えられていました。しかしこの火山は1968年から活動期に入り、1979年には水蒸気爆発を起こし、1000m近くまで噴煙を噴き上げました。火山現象は、人間の時間スケールでは測ることができないのです（図6－3）。

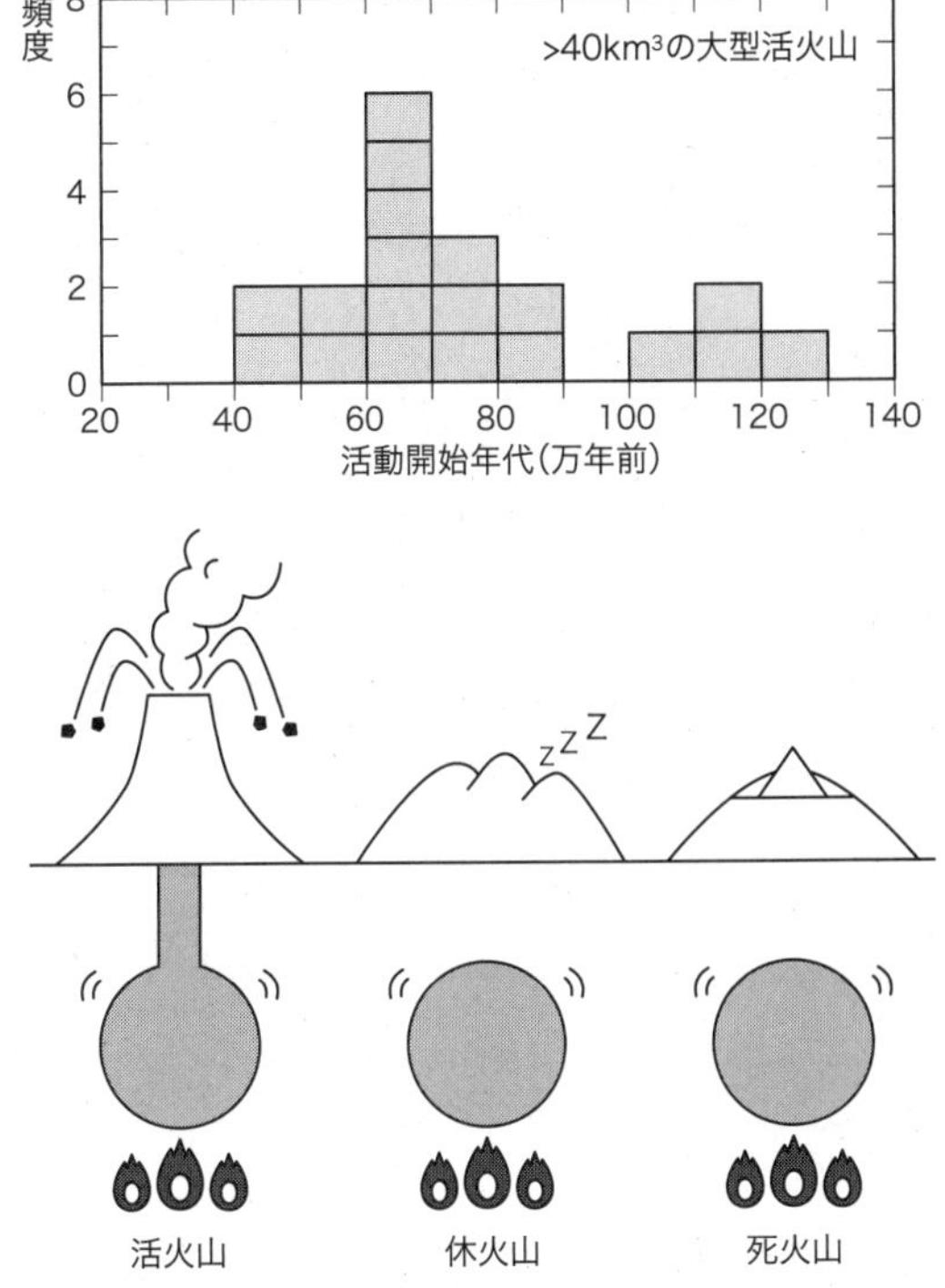

図6 - 3　火山の寿命
日本列島の火山は数十万年以上の寿命があり、最近活動的な活火山でなくても今後噴火する危険性を秘めています。

最近の地質学的な調査で、御嶽山は過去1万年の間にも何度も溶岩流や火砕流を出していたことが明らかになってきました。他の火山の調査結果も合わせると、1万年という時間が、ある程度火山の活動度を測る指標になるらしいことが解ってきました。そこで現在では概ね1万年より新しい火山を活動的な火山と考えて「活火山」と呼ぶようになっています。日本列島には、111もの活火山が分布しています。

いま1万年という期間が、これからの火山活動を予測する上で一つの目安となると言いました。では、1万年経つと火山はもう活動を停止してしまうのでしょうか？

答えは、NOです。日本列島のような沈み込み帯の火山、中でも大型の火山は、地質調査や放射壊変時計を用いた年代測定の結果から、平均すると数十万年の寿命を持つことが解ってきました（図6－3）。つまり、先ほどの定義を適用して活火山と認定されていない火山でも地下には生きたマグマ溜が存在して、今後噴火活動を再開する可能性は十分あるのです。ちなみに日本列島には、このような「待機火山」は300ほどもあります。

少し他の地域の火山についてみてみましょう。プレートが生産される海嶺は、地球上で最も活発な火山地帯です。例えば海嶺が海面上へ顔を出した場所であるアイスランドでは、頻繁に噴火が起こっています。このような火山と沈み込み帯の火山との大きな違いは、アイスランドの火山には殆ど寿命と呼べるようなものが無く、数百万年以上にわたってずっと活動していることです。では、沈み込み帯の火山に寿命があるのはなぜでしょうか？

日本列島の火山に寿命があるのは、先ほどマグマ発生のメカニズムの所で述べたダイアピルという玉コロ状のマントル物質が、火山の根っこ、すなわちマグマの供給源になっているからです（図6－1）。いろんな観測からダイアピルはおおよそ30キロ程度の直径があると考えられています。このような玉コロが深くて熱い所から、プレートの底付近の冷たい所へ上がってくるのです。すると、当然時間が経つと周りから冷やされてしまいます。そしてある程度冷えると、もはやマグマを供給できなくなってしまいます。つまりダイアピルが冷え固まる時間が火山の寿命に対応しているという訳です。

火山噴火を予測する

日本列島には、いつ噴火活動が活発化または再開しても不思議ではない活火山が100以上もあります。また先ほども強調したように、まだまだ寿命を終えていない待機火山はもっとたくさんあります。普段は風光明媚（ふうこうめいび）な火山の周辺も、一旦活動が始まると大きな被害がでることも少なくありません。従って、火山の活動を可能な限り正確に予測することは、私たち日本の科学者に課せられた大きな使命の一つなのです。

現在、気象庁や大学などは互いに協力して、日本列島のほぼ全ての活火山に対して地震活動などの監視を行っています。その中でも活動度が高い50の活火山では、噴火の状態や地震活動などの常時観測を行って火山活動をモニターしています。さらに、北海道の有珠山、伊豆大島三原山、浅間山、草津白根山、雲仙普賢岳、阿蘇山、霧島山、桜島などには大学の火山観測所が設置されて、集中的な観測が行われています。

現在日本で行われている噴火予測は大きく分けて二つの方向性があります。一つは、噴火などの火山活動そのものの前兆現象などを観測により把握して、噴火の予測を行うものです。地震と比べると火山活動の場合は前兆現象が明瞭であることが多く、予測もある程度高い確率で行うことが可能です。図6－4に、一般的な観測項目を模式的に示してあります。この図では、噴火のメカニズムでも解説したように、二つマグマ溜があるとしています。便宜的に深い方を親マグマ溜、浅い方を子マグマ溜と呼ぶことにします。

多くの噴火現象は、親マグマ溜から子マグマ溜へマグマが供給されることが引き金となります。この時には、親マグマ溜の活動やマグマの上昇に伴う地震活動が起こります。時には、「低周波地震」と呼ばれるマグマや流体の移動によって起こる特徴的な地震が発生することがあります。この地震は、低周波（長周期）の地震波を出すことが特徴です。

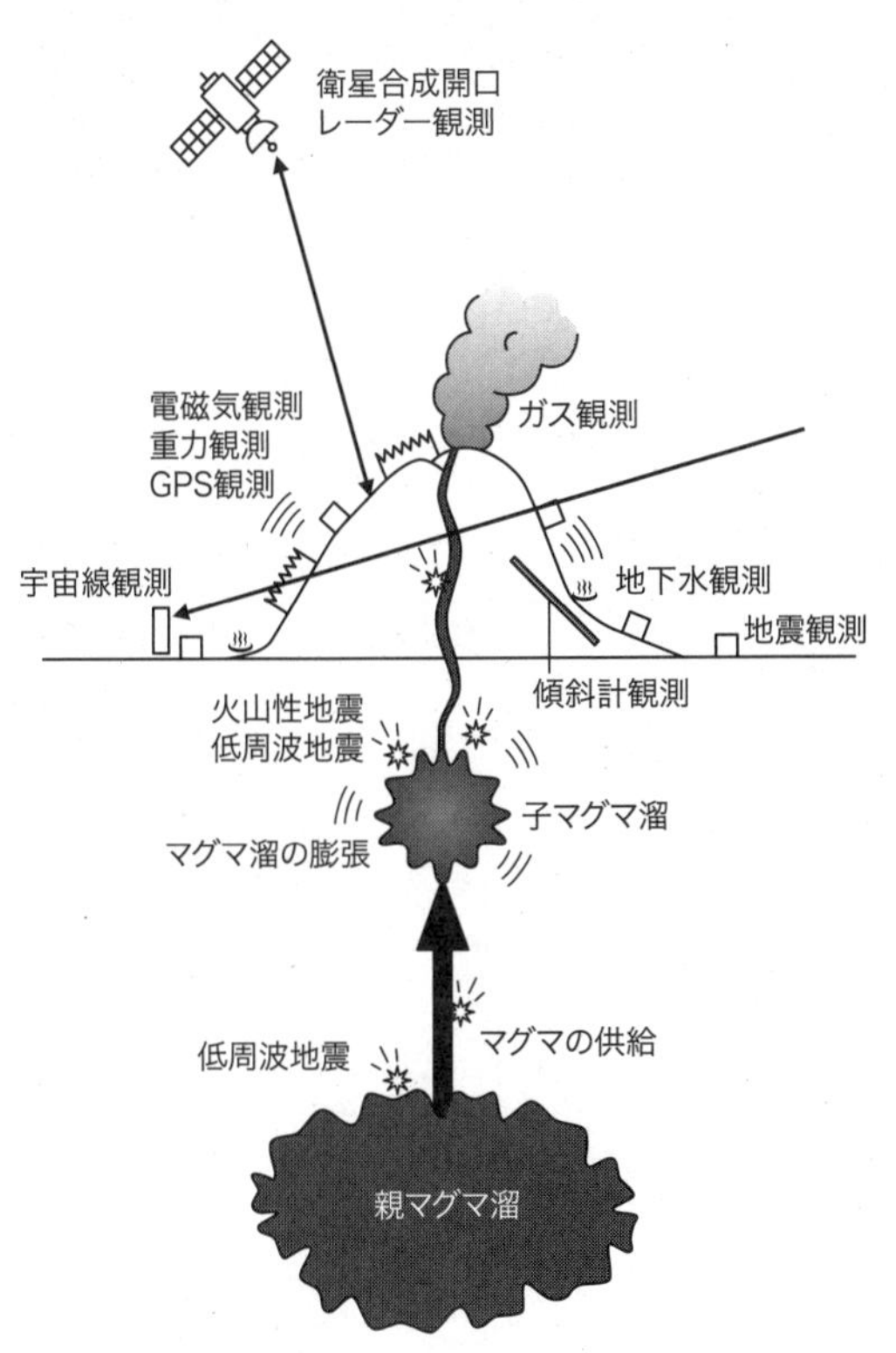

図6－4　火山噴火予測に向けた観測
このような様々な観測結果を総合的に検討することで、かなりの確率で噴火の予測ができるようになってきました。

比較的浅い所にある子マグマ溜へマグマが注入されると、山体そのものが膨張することがあります。この変動は傾斜計やGPSを用いた観測、重力の測定、さらには開口レーダーを用いた地殻変動解析などを行うことによって捕まえることが可能な場合があります。また、高温のマグマが注入されることでマグマ溜周辺では電気抵抗が低くなると予想されますが、この現象は電磁気観測によって感知することができます。火山ガスや地下水の組成変化なども、マグマ活動の指標となる場合があります。最近ではある種の宇宙線を用いて火山帯の内部を透視して、マグマの状態を把握しようとする試みも行われています。

ただここで一つ重要な事実を「白状」しておかなければいけません。これまでも何度も述べてきたように火山の地下には「マグマ溜」が存在すると考えられています。そう考えることで地殻変動や地震活動、それに火山噴出物の化学組成の変化などがうまく説明できるからです。しかし、このようなマグマ溜の位置や大きさ、形状を観測などによって正確に捉えた例はまだないのが現状です。もちろん火山の地下を地震波を用いてCTスキャンする試みは行われているのですが、なかなか正確な画像を得ることができないのです。マグマ溜の状態をきちんと捉えることは火山噴火予測には必要不可欠な情報です。なんとか鮮明なCT画像を撮れるように頑張りたいと思います。

さて、もう一つの噴火予測の方向として、「ハザードマップ」の作成を挙げることができます。火山のハザードマップとは、将来起こりうる火山噴火、災害の内容や影響を受ける範囲を示し、これらに対する対策をあらかじめ記した資料のことです。

火山活動は、降灰、溶岩流や火砕流の流出、泥流の発生など非常に多様です。従って、これらによって引き起こされる災害も多岐に渡ります。一方で、ある火山についてこれまでの活動を詳しく調査解析することで、その火山ではどのような火山活動とそれに伴う災害が起こる可能性が高いかを、ある程度予測することが可能な場合もあります。従って、ハザードマップは最低限の備えとして非常に参考になる資料だと思います。火山の近隣にお住まいの方々だけではなく、例えば観光で火山を訪れる際にも、ハザードマップを参考にすることで、その火山のこれまでの活動やその個性を知ることができると思います。ハザードマップは関連する自治体で作成されている場合が多いのですが、国土交通省や産業技術総合研究所ではこれらをまとめてリンクを張っています。ただ完全に網羅している訳ではないようですので、自治体と火山を使った検索を行われるとよいでしょう。是非、お試し下さい。

必ず起きる超巨大噴火

「カルデラ」という言葉をご存じでしょう。火山活動でできた窪地の総称ですが、ここで話題にするのは、巨大な噴火によって形成される「陥没カルデラ」と呼ばれるも

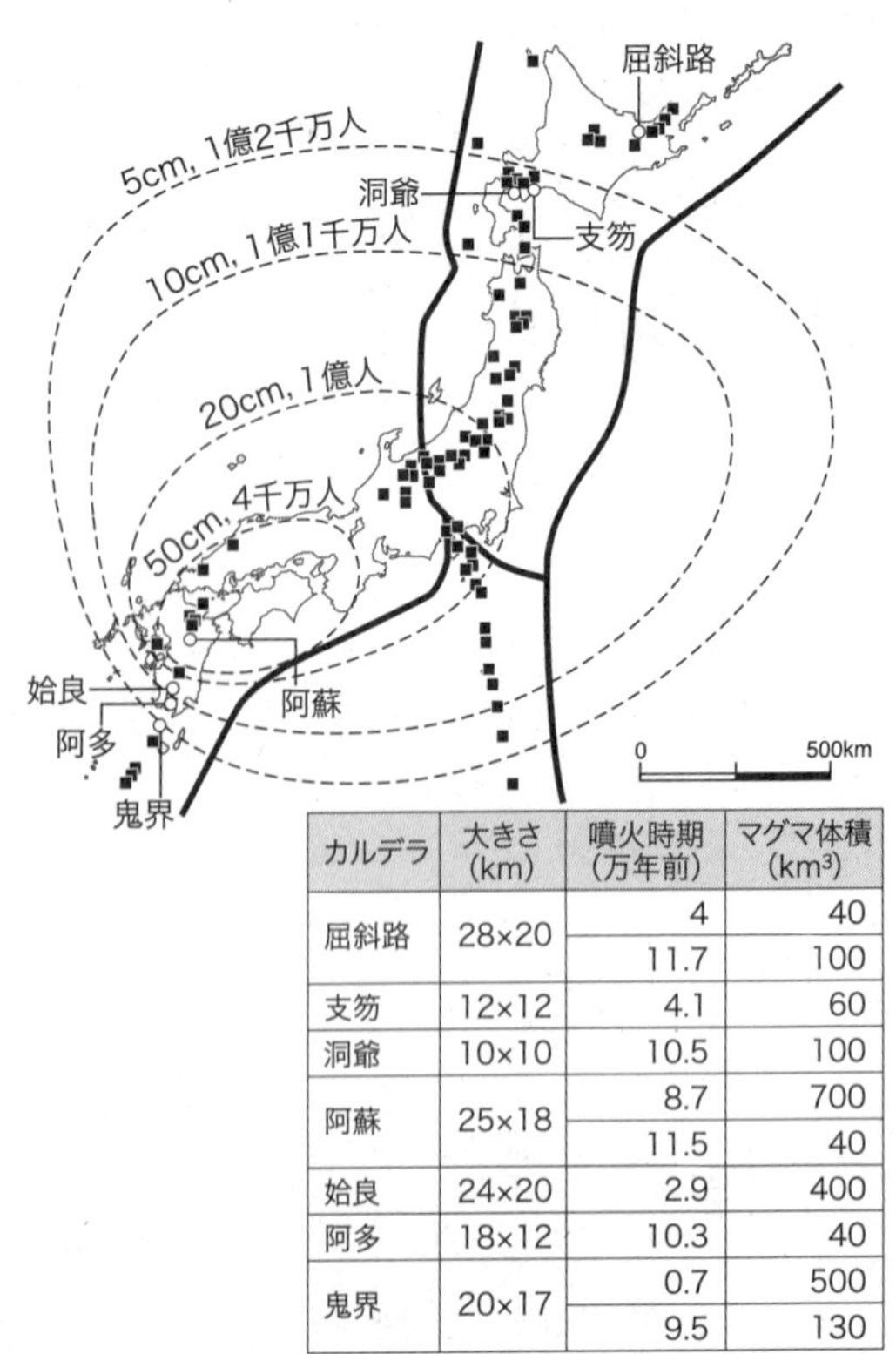

カルデラ	大きさ (km)	噴火時期 (万年前)	マグマ体積 (km³)
屈斜路	28×20	4	40
		11.7	100
支笏	12×12	4.1	60
洞爺	10×10	10.5	100
阿蘇	25×18	8.7	700
		11.5	40
姶良	24×20	2.9	400
阿多	18×12	10.3	40
鬼界	20×17	0.7	500
		9.5	130

図6－5　巨大カルデラの噴火
日本列島の巨大カルデラ（○）と活火山（■）、巨大カルデラ噴火による降灰域。巨大カルデラは、地殻ひずみ速度の小さい地域（年間5×10^{-7}以下）に限って形成されている。

のです。火山の下にはマグマ溜があります。大量のマグマが噴き出すとマグマ溜には大きな空洞ができて天井が落ち込むことがあります。このようにしてできた窪地が陥没カルデラです。陥没カルデラの直径は10～20キロにも及ぶものがあります。

日本列島、特に九州と北東北・北海道には、過去十数万年の間に形成された、新しくて大型のカルデラが点在しています（図6－5）。カルデラの中には湖ができている場合もあります。北海道の屈斜路湖、支笏湖、洞爺湖などがカルデラ湖の例です。ここに示したカルデラは、40立方キロを超える大量のマグマが一気に噴出する「超巨大噴火」によって形成された大カルデラです。超巨大噴火は、巨大カルデラ噴火と呼ばれることもあります。

これらの巨大カルデラの中でも最大級のものが「阿蘇カルデラ」。南北25キロ、東西18キロもの大きさのこのカルデラは、今から8万7000年前に起こった「阿蘇4噴火」と呼ばれる超巨大噴火によって、一瞬にして形成されたものです。4という数字は、阿蘇山で起こった史上4番目の巨大噴火という意味です。この噴火では、火山灰と軽石、それに火山ガスが混ざった高温の「火砕流」が発生しました。阿蘇山で発生した火砕流は、九州の山々を次々と焼き尽くしながら広がっていき、中北部九州、それに山口県までを覆い尽くしてしまいました。宮崎県の高千穂峡の見事な岩壁も、この火砕流でできています。

火砕流が発生すると広い範囲を高温の噴出物が覆うために、激しい上昇気流が起こったようです。火砕流と同時に噴き上げられた噴煙はこの上昇気流に乗って、広範囲に降灰をもたらしました。北海道東部でも10センチもの厚さの阿蘇4火山灰が積もっているのです。火砕流と火山灰を合わせた阿蘇4噴出物の総量はなんと1000立方キロを超えます。マグマの量に換算すると700立方キロにもなります。地球上でも最も大きな火山の一つである富士山に匹敵する体積、それが一瞬にして放出されたことになります。この噴火は過去100万年の間に日本列島で起こった最大規模の噴火の一つです。

九州ではその後も2度、超巨大カルデラ噴火が起こっています。2万9000年前に今の鹿児島湾を取り囲むように形成された姶良カルデラでは、南九州に広大なシラス台地を作る入戸火砕流が発生し、降灰も日本列島の広範囲に及んでいます。さらに7300年前には、薩摩半島の南約50キロの海域でも超巨大噴火が起こり、火砕流は海上を走って屋久島を襲い、火山灰は少なくとも東北地方まで覆いました。この超巨大カルデラ噴火は、九州に暮らしていた縄文人に大打撃を与えたようです。南九州で発達していた先進的な土器文化は、この超巨大噴火によって完全に破壊されてしまいました。

これらの九州の噴火に比べると規模は小さいのですが、それでも一度の噴火で40立方キロ以上ものマグマを火山灰や火砕流として放出した巨大カルデラ噴火は、北海道でもいくつか起こっています（図6－5）。

このような超巨大噴火が現在の日本列島で起きれば被害規模はどれくらいになるのでしょうか？　ここでは火山大国に暮らす人々に警鐘を鳴らす意味で、最悪の事態を想定してみることにしましょう。

そのために、地質学的データが揃っている「姶良カルデラ噴火」の火砕流や火山灰の分布を参考にすることにしましょう。この超巨大噴火は、今から2万9000年前に現在の鹿児島湾辺りで起きました。ここでは最悪の事態を想定するために、九州中部で同じ規模の噴火が起こり、偏西風で東北東へと火山灰が運ばれたと仮定します。その場合の火山灰の分布と厚さ、およびその領域の人口を図6－5に示します。噴火発生後2時間以内に火砕流がほぼ九州全域を覆い、700万人の人口域が数百度の高温の火山噴出物に埋没します。翌日には関西圏で50センチ、2日後には首都圏でも20センチの火山灰に覆われ、数日で北海道東部と沖縄を除く日本列島全域が5センチ以上の降灰を被ることになります。現状のインフラシステムでは、10センチ以上の降灰で全ての交通網とライフラインはストップします。つまり、このような超巨大噴火が起きるとおおよそ1億人の日常生活が失われることになるのです。さらに厄介なことは、これだけ広範囲の機能停止が起きると救援・復旧活動が殆ど不可能なことです。

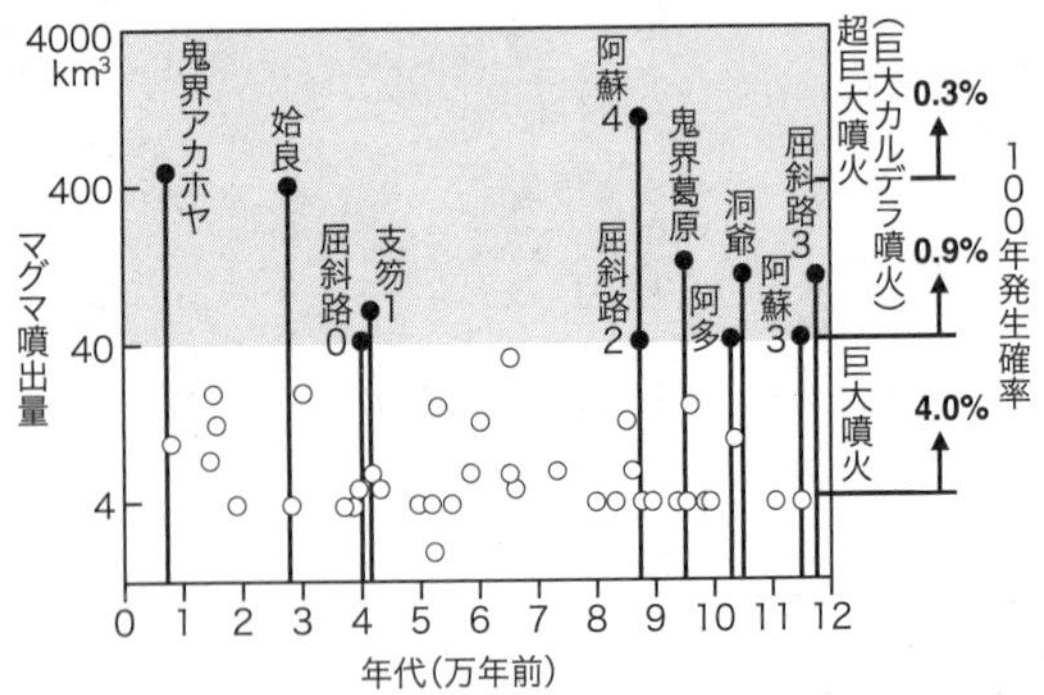

図6－6　過去12万年間に日本列島で起きた巨大噴火と超巨大噴火、および今後100年間の発生確率
巨大なカルデラの形成を伴う超巨大噴火は、これまで日本列島では繰り返し発生してきました。一度起きれば破局的な災害を引き起こす超巨大噴火に対する備えも喫緊の課題です。

このことは日常喪失の長期化、言い換えれば日本という国家と日本人という民族がほぼ消滅することを意味するのです。念のために言っておきますが、これは決して非現実的な終末論ではありません。

では、こんなにも「破局的」な噴火は、日本列島でどれくらいの頻度で起こってきたのでしょうか？　比較的火山灰が地層として保存されている場合が多い過去12万年間について、火山噴火の時期とその規模を眺めてみましょう（図6－6）。40立方キロ以上のマグマを噴き上げる超巨大噴火は過去12万年間に11回起きているのです。

このようなデータを見ると次のよ

うに推論する人がいます。日本列島では約1万年の周期で超巨大噴火が発生し、直近のものは7300年前であるので、あと3000年近くは超巨大噴火は発生しない。しかしこの12万年を11回で除して得られる約1万年という値を「周期」と見做すことは全くの間違いです。なぜならば、火山はそれぞれ独立に、互いに影響を及ぼすことなく噴火を起こしているからです。一つの火山で周期を求めることはある程度意味があるかもしれませんが、日本列島のあちこちの火山のデータに基づいて周期を求めることはできないのです。

このようにランダムに起きる現象については、ポアソン分布という方法を用いて発生確率を求めることができます。この手法を用いて日本列島で今後100年間に超巨大噴火が発生する確率を求めると、約1%となります（図6－6）。この一見小さい数字から、99%大丈夫と思ってはいけないことは、地震発生確率の説明をしたときにもお話ししました。

さてそれでは、これらの想定結果を私たちはどう受け止めれば良いのでしょうか？災害のリスク評価を行う場合「危険度」という尺度が用いられます。これは、被災者数に発生確率を乗じたもので、対象とする災害で1年間平均何人の被害者が出るかという尺度です。当然危険度の高い災害に対する減災対策の必要性は高くなります。

確かに超巨大噴火は非常に稀にしか発生しませんが、一旦起きるとその被害は極めて甚大（想定死亡者数1億人）なのです。そのために超巨大噴火は、交通事故や南海トラフ地震などの最も緊急に対策が必要な災害に匹敵する危険度を示すのです。私たち火山大国の民は、まずこの事実を認識しなければなりません。この事実を知っても、「そんな事態になれば諦める（あきら）しかない」と目を瞑って（つぶ）しまうのは、あまりにも自分勝手で将来の日本に対して無責任というものでしょう。このことを十分に踏まえて、火山大国に暮らしていくための多様な「長期戦略」を考えていくべきだと思います。

火山と温泉

超巨大噴火の話はちょっと脅かしすぎ、と思われるかもしれませんね。もちろん私はみなさんの不安をかき立てたい訳ではありません。でも、地震や火山の危険な側面ばかり眺めていると、なんだかブルーになってしまいます。私たちは確かにこのような大きなリスクを背負ってはいるのですが、同時に恩恵もしっかり受けています。最大の恵みとして解りやすいものは温泉でしょう。温泉の話をしようと思うと、私もなんだか顔が緩んできます。実は私は40代半ばの3年間を、別府で過ごしました。京都大学の地球熱学研究施設という所に勤めていたのです。きっとこの3年間が、私の人生の中でももっともゆったりとした時であったように思います。

「温泉」には法律で決められた定義があります。それによると、地下から湧出する温水などの中で、25度以上のもの、または特定の成分を一定量以上含むものを温泉と呼ぶことになっています。でも私はやっぱり、温泉は熱くなくっちゃって思ってしまいます。ここでのポイントは火山との関わりなので、温度の高い温泉について考えてみましょう。

温泉には熱源が必要です。その一つは高温のマグマが熱源となる火山性温泉、そしてもう一つは地温で温められた非火山性温泉です（図6－7）。火山性の温泉は、雨などの天水にマグマから放出されたガス成分が加わり、さらに周囲の岩石や地層から様々な成分を溶かし込んだ高温の「熱水」が起源です。マグマの温度は1000度近くになることもあるために、熱水は非常に高温です。温度が約370度以上の熱水は、水と水蒸気の両方の性質を持った「超臨界状態」になっています。このような状態では非常にたくさんの温泉成分が熱水中に溶け込んでいます。

ところがこのような超臨界状態の熱水が上昇して地表に近づくことで温度が下がると、液体（水）と気体（ガス・水蒸気）に分かれてしまいます。この時に、熱水に元々含まれていた成分が、水とガスに分かれて取り込まれるのです。水には水溶性の食塩、炭酸水素イオン、金属イオンなどが溶け込み、一方でガスには硫化水素、二酸化炭素、塩化水素などが濃集します。ガスは再び地下水などに溶け込むことで、強酸性の温泉を作ることになります。そして水溶性成分の多いほうは、弱アルカリ性の食塩泉となります。この高温の食塩泉が沸騰するとさらに成分の変化が起こって、いわゆる単純泉と呼ばれる泉質に変化してゆきます。

　非常に単純化すると、温泉の元となる噴気地帯から離れるに従って泉質は、酸性泉〜酸性イオウ泉、強酸性硫酸塩泉、酸性硫酸塩泉、弱酸性〜中性硫酸塩、アルカリ性炭酸水素泉という変化を示すことになります。例えば日本一の湧出量を誇る大分県別府温泉では、噴気地帯の鶴見山（つるみさん）から海岸に向かって、このように多様な泉質の温泉が次々と湧出（ゆうしゅつ）しているのです。

　ここで覚えておいて頂きたいことの一つは、これら火山性温泉に含まれる塩分は、決して海水からもたらされたものではないということです。マグマから分離した水にはもともと塩分が多量に含まれているのです。

　火山性の温泉は、まさにマグマからの贈り物です。温泉に浸（つ）かるときには、マグマのことを少しは思い出して下さいね。

　次は非火山性の温泉です。このタイプの温泉で最も普通に見られるのが、かつての海水や地下水が地層の中に閉じ込められて、地温によって温められたものです。

　また、地層の中に有機物がたくさん含まれている場合は、コーヒーのような濃い色の「黒湯（くろゆ）」となることもあります。東京湾周辺にはこのタイプの温泉が多く見られま

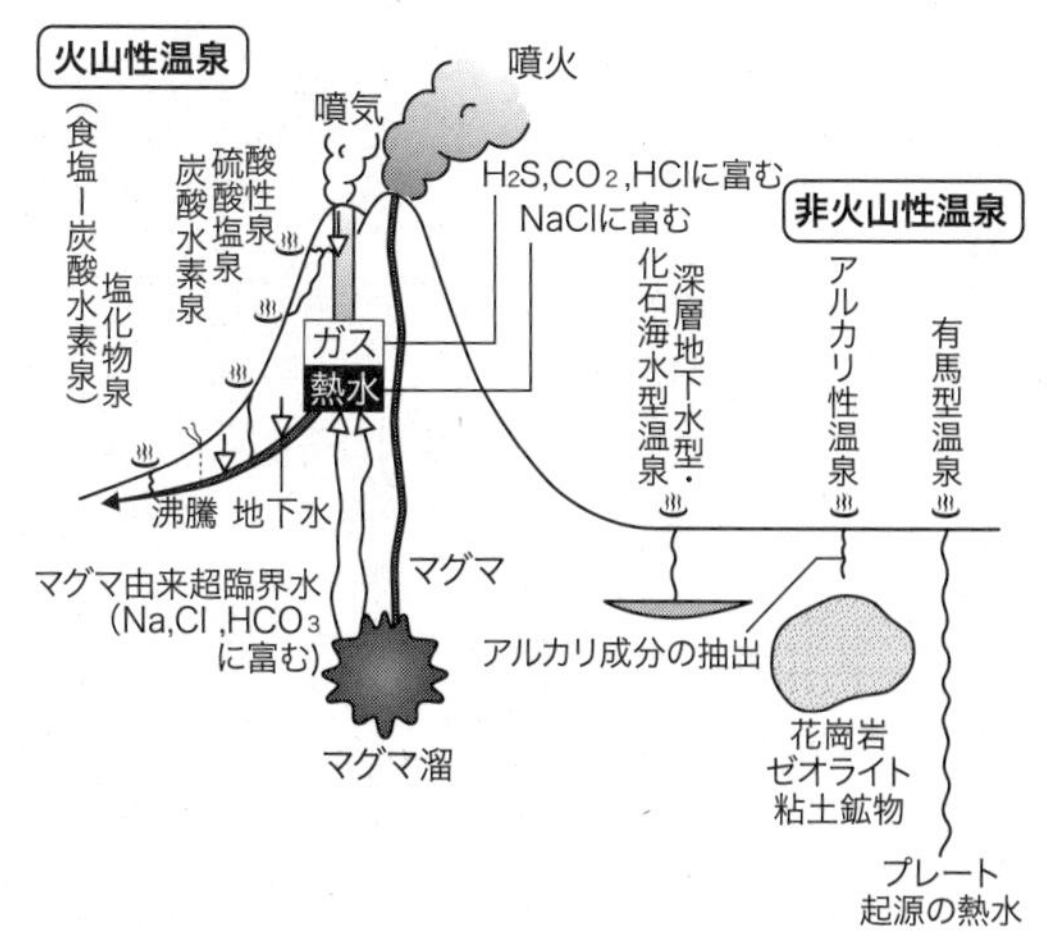

図6－7　温泉の成因
火山性温泉はマグマ由来の高温ガスに由来し、脱ガスや地下水との反応によって多様な泉質となります。非火山性温泉の成因はさまざまですが、有馬温泉のようにプレートから絞り出された熱水が地表に湧出するものもあります。

す。また日本に比較的多い温泉のタイプの一つがアルカリ性温泉です。美人の湯とか呼ばれることが多く、アルカリ性のために皮膚の角質が融けてすべすべになるのが特徴です。ただこの温泉、あまりでき方がよくわかっていません。地下にある岩体や鉱物のアルカリ性の成分が溶け出したものだろうと言われています。

非火山性の温泉の中で、古くから注目されているものに「有馬型温泉」があります。関東地方の方には馴染みが無いかもしれませんが、有馬温泉は神戸の北側、六甲山地の裏側にある、日本書紀にも登場する日本最古の温泉の一つです。この温泉は、高温で海水の2倍以上もの塩分を含み、しかも鉄分が酸化して色づいているために「金泉」と呼ばれています。なぜこのような高濃度の塩分や鉄を含む温泉ができるのか、長い間謎でしたが、最近になってとても面白いことが解ってきました。

有馬温泉は西南日本の火山帯の海溝側、つまり非火山地帯にあります。このような海溝に近い非火山地帯の地下では、スポンジ状のプレートから水が絞り出されているのですが、マントルの温度が低いのでマグマは発生していません。図6-1も合わせてご覧下さい。しかし低温とはいえ、プレートから水が絞り出される時の温度は数百度にもなります。そのために水は超臨界状態にあるので、プレートが含んでいる塩分や鉄分を多量に溶かし込むのです。有馬温泉は、沈み込むフィリピン海プレートに直結しているのです。

有馬型の温泉は、それほど数が多い訳ではありませんが、有馬の他にも、宝塚温泉、滋賀県甲賀地域の宮乃・塩野温泉などが知られています。これらの温泉に入られた時には、深さ数十キロのプレートから温泉がやってきていることを実感しながら、ゆったりとした気分で温泉をお楽しみ下さい。

第7章　リサイクルする地球

いよいよこの本も最終章となりました。

これまでは、地球がいかにダイナミックな進化を遂げて来たか、そして日本列島がどれほど激しい変動を経験してきたかを述べてきました。ここでは締めくくりとして、日本列島のような沈み込み帯で起こってきた火山活動や大陸の形成という現象が、地球の中の動きや進化とどのように関係しているのかをお話ししたいと思います。

この章では、私たちの研究チームが取り組んできた研究の成果をまとめてお話しすることになります。私たちのチームでは、いくつかの一見するとお互いに関係のないようなプロジェクトを同時に行ってきました。沈み込み帯で起こるいろんな現象を解析すること、超高圧実験を使って地球の内部の特性を調べること、そして南太平洋などに点在する火山島の溶岩の材料となる物質を考えることなどです。しかし実はこれらのプロジェクトは、地球の中でどのように物質がリサイクルされているのかという一つの問題を解くために設定したものなのです。

サブファクという名の工場

海嶺で生まれたプレートが冷えて重くなって、マントルへ落っこちて行く所、これが沈み込み帯です。沈み込み帯では、プレートから絞り出された水がマントルを融かしてマグマができています。これが地表まで上がって噴火したものが火山ですが、全てのマグマが噴火する訳ではなくて、大部分は地中で固まって地殻を太らせて大陸地殻を作ってきたのです。

このような沈み込み帯でのマグマ活動や地殻の形成過程は、工場で製品を作る製造工程とそっくりです。そこで、私たちは「沈み込み帯工場（サブダクションファクトリー：Subduction Factory）」という表現を使うことにしました。サブダクションは沈み込み、ファクトリーは工場の意味です。以降は略して「サブファク」とします（図7－1）。

工場では原料を加工します。サブファクでは、ベルトコンベアーよろしく、海洋プレートが原料を工場内へ運び込んできます。原料として使われるものは、プレートの上に乗っている堆積物と海洋地殻です。これらに加えて、沈み込み帯のマントルも原材料として使われています。

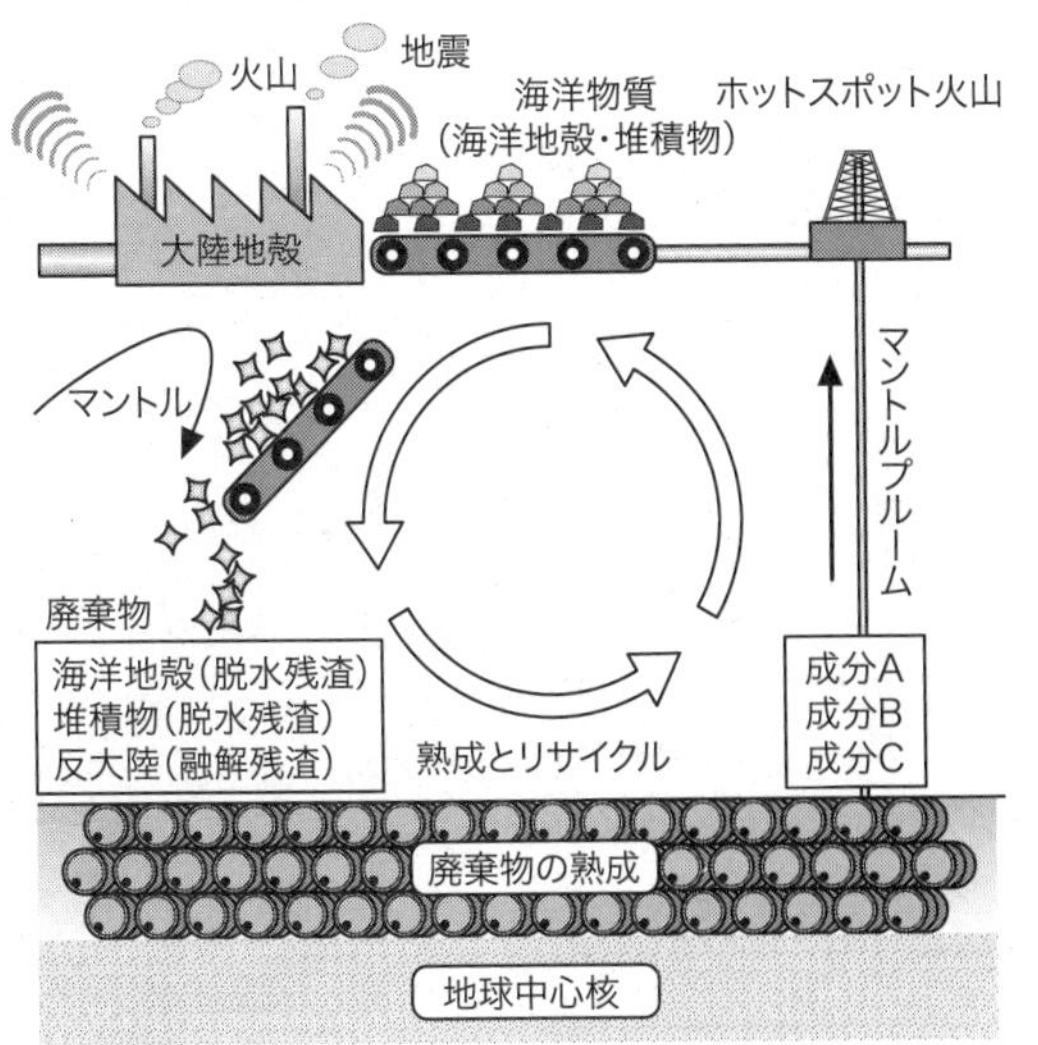

図７－１　巨大な工場（サブダクションファクトリー）として稼働してきた沈み込み帯

沈み込み帯では、プレートが運び込む海洋物質とマントル物質を原材料として、大陸地殻を製造しています。その過程で生じる３種類の廃棄物は地球内部で熟成された後に、ホットスポット火山へとリサイクルされてきました。

サブファクで作り出されるものと言えば、マグマ。そしてそれが固まってできた「大陸地殻」が最終的な製品です。これらの製品の製造工程については既に述べましたが、もう一度大切な点をまとめておくことにしましょう。製造工程で使われるものは、堆積物や海洋地殻から絞り出された水です。これが触媒の役割を果たして、マントル物質を融かしてマグマを作るのです。

ここでこれまでには触れていなかったことで、とても大事なことをお話ししておきます。それは、スポンジ状の堆積物や海洋地殻、そして含水マントルから絞り出されるのは、ピュアーな水ではないということです。この水には、水溶性の元素が溶け込んでいます。今回は紙面の都合で詳しくお話しすることはできなかったのですが、このような元素が付け加わることで、沈み込み帯のマグマは他の地域、例えば海嶺のマグマに比べて水溶性の元素を多く含むことになります。

サブファクの製造工程では、水と元素が原材料である堆積物と海洋地殻から抜き取られて製造工程で使われているのです。言い換えると、これらの原料は水と特定の元素が抜き取られて、いわば「搾りかす」（残渣）となって、プレート運動によってマントルの中へ持ち込まれている訳です。このプロセスは、後で非常に重要になってきますので、しっかりと記憶しておいてください。

大陸地殻が海の中、例えばＩＢＭ弧（伊豆・小笠原・マリアナ弧）で作り上げられる工程は第2章で紹介しました。要点は、一旦できた玄武岩質の地殻がマグマの熱でもう一度融けて、二酸化ケイ素成分の多い安山岩質のマグマが作られる。このマグマが冷え固まったものが大陸地殻です。ここで重要なポイントは、このような大陸地殻の形成時には、「反大陸」と呼ばれる融け残り物質が作られることです。IBM弧では地震波を使ったCTスキャンで、反大陸がモホ面の下にべったりとでき上がっていることが確認されているのです。

最近ではエコのためにできるだけ煙は出さない努力がされているとはいうものの、工場のシンボルと言えば煙突です。サブファクにも煙突がありますよね。噴煙を上げている火山です。おまけに、沈み込み帯で多発する地震は、まるで工場の製造工程で出る振動そのものです。沈み込み帯は工場であるということ、納得頂けましたか？

さて、工場では製造工程で必ずといっていいほど「廃棄物」が出てきます。サブファクではどうでしょうか？　実はこの工場でもやはり廃棄物ができているのです。サブファクでは、水と元素を抜き去った搾りかすの堆積物と海洋地殻、そして反大陸の3種類の廃棄物が作られ、これらのうち、堆積物と海洋地殻の搾りかすは、プレートと一緒にマントルの深いところへ持ち込まれてゆきます。これらは一旦上部マントルと下部マントルの境界付近にメガリスとして溜まってしまうのですが、やがてメガリスは崩落して、廃棄物もマントルの底まで持ち込まれることになります（図2-

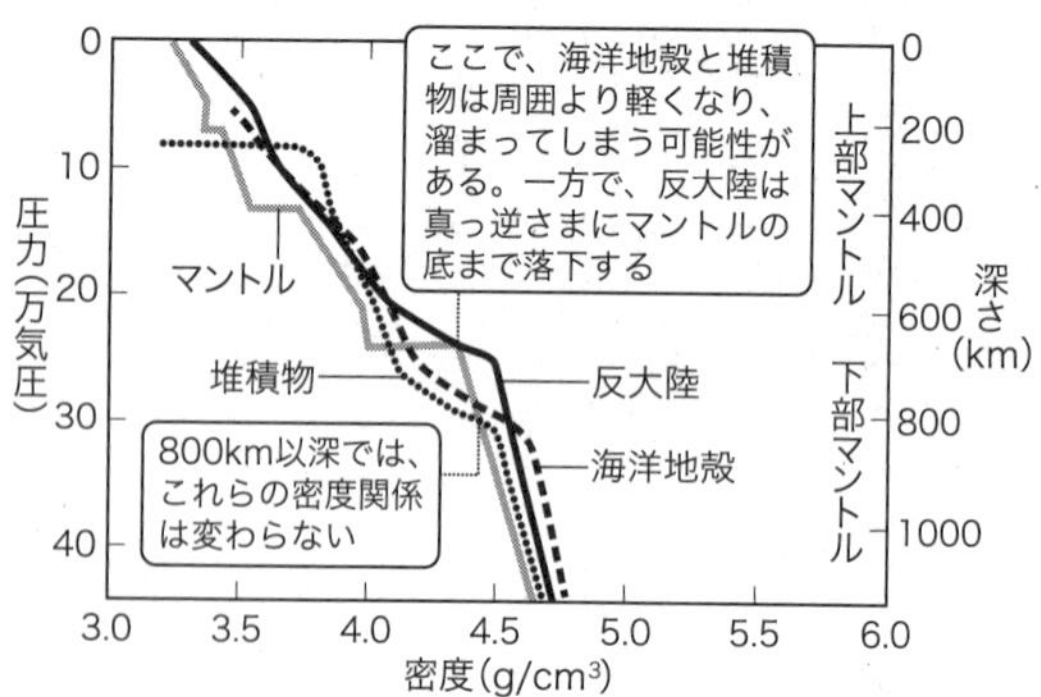

図7-2　サブファクの廃棄物とマントル物質の密度関係
高温高圧実験によって、サブファクで生じる廃棄物はいずれもマントルの底まで落下することが明らかになりました。

13、図7-2)。

もう一つの廃棄物である反大陸物質については、高温高圧実験を行って、その密度の変化を調べてみました。その結果、反大陸物質は常に周囲のマントルより重いことが解ったのです(図7-2)。もともと沈み込み帯の地殻直下に形成された反大陸は、やがて崩れ落ちて真っ逆さまにマントルの底まで落っこちてゆくのです。層を成していた状態(ラミネーション、lamination)が崩れるという意味で、「デラミネーション(delamination)」と呼ばれる現象です。

つまり、サブファクの製造工程で出される3種類の廃棄物は、いずれも最終的にはマントルの底まで落っこちて核の上に溜められるのです。

製品である大陸とその残りかすである廃棄物の形成に関して、とても面白いことがあります。それは、これらの廃棄物の量に関することです。堆積物の量は殆ど無視できる量ですので、海洋地殻と反大陸について考えてみることにします。マントルの中へ持ち込まれた海洋地殻の総量は、平均的なプレート移動速度と海洋地殻の厚さから、おおよそ見積もることができます。また、反大陸の量は、大陸の量の約3倍であることが、私たちの実験で解っています。このようなデータに基づいて、マントルの底に溜められたサブファク廃棄物の量を計算してやると、厚さ2～300キロ程度の層をなすことが解ります。この厚さは層の厚さと合致するではありませんか！　やはり、サブファク廃棄物はマントルの底に蓄えられているようです。

プレートテクトニクスが始まって38億年。サブファクはマントルの一番てっぺんに大陸を作ると同時に、廃棄物をマントルの底に溜め続けている。なんとかこのことを実証したいものです。もちろん、マントルの底まで掘り進んで岩石を採集する訳にはいきません。そこで「ホットスポット」のことを思い出して頂きたいのです。マントルの深い所に固定された熱源、そしてそこからマントルプルームが上昇してハワイ島などの火山島にマグマを供給するのがホットスポットです。ホットスポットは長大なドリルホール（掘削孔）の役割を果たしてくれるかもしれません。

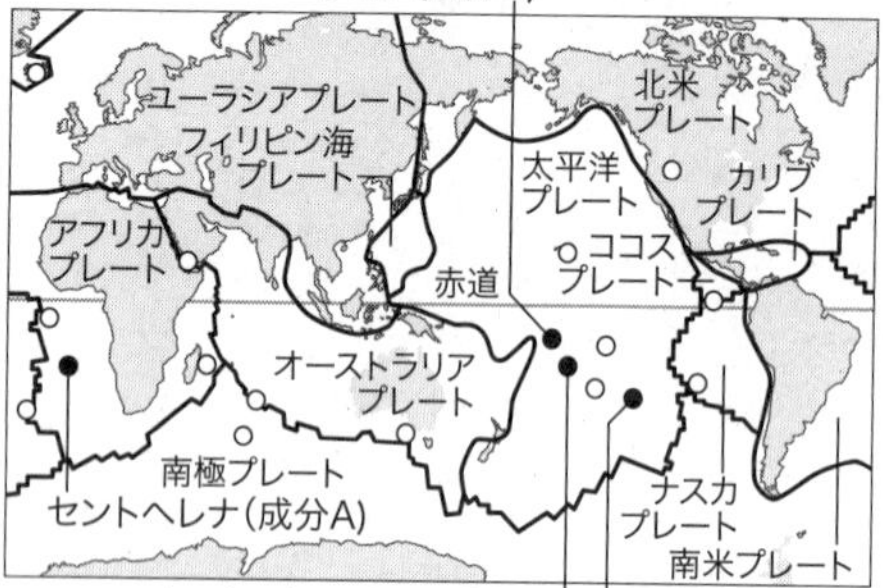

図7－3　主なホットスポットの分布
これらのホットスポット火山のマグマは、マントル深部にある三つの成分がブレンドしてできた物質が融けて作られます。三つの成分は名前を示した四つのホットスポットで典型的に見いだされています。

ホットスポットマグマを生み出すマントル物質

今の地球には、結構たくさんのホットスポットがあると言われています。中には数十個もあると主張する人もいますが、地質学的なタイムスケールで固定された熱源が存在し続けている、正真正銘のホットスポットは20個くらいでしょうか（図7－3）。図を見てお解りになると思うのですが、なぜかこのようなホットスポットは、赤道周辺に点在する傾向があるのです。実際にこのプロジェクトで溶岩の採取に出かけた島々は、青い海と空、それに白い珊瑚礁と、確かに「南海の楽園」でした。

地球の深い所にどんな物質があるのかを調べるために、世界中の研究者がいろんなホットスポット火山の岩石の分析を行ってきました。その結果、マントルの深部には三つの違った化学的特性を持つ物質が存在していることが解ってきました。これらの三つがいろんな割合でブレンドしたマントル物質。これがマントルプルームとして上昇する途中で融けることで、ホットスポットマグマの化学組成の多様性が作られているのです。

これらの三つの成分は、南太平洋のクック・オーストラル諸島、ピトケアン島、それにサモア諸島の溶岩に典型的に認められます。これらを仮に「成分A」「成分B」「成分C」とでも呼んでおきましょう。さらに南大西洋、あの皇帝ナポレオンの流刑の地であるセントヘレナ島でも成分Aが見つかっています。

さて、ここで何か気づきませんか？　マントルの深部には三つの特異な成分があります。そして、サブファクは3種類の廃棄物をマントルの底へ溜めているのです。そう、三つと三つ。私が最初にこの符合に気づいたのは、もう30年くらいも前のことでした。私にはとてもこれが偶然とは思えなかったのです。

サブファク廃棄物の熟成とリサイクル

マントルの深部で繋がっているかもしれない、三つの廃棄物と三つのマントル成分。

どのような戦略で、これらの関連性を調べたらよいのでしょう？　一つは、廃棄物の特性をキッチリ見積もることです。既に述べたように、廃棄物のうち二つ、即ち堆積物と海洋地殻の搾りかすは、水とともに元素も抜き去られたものです。これらの搾りかすの組成を求めるために、私たちは実際にプレート内の温度や圧力を再現して、水、そしてそれとともに抜け去る元素の種類や量を決める実験を行いました。これで、搾りかすの特性はほぼ解りました。

次は反大陸です。これは、沈み込み帯で作られる平均的な玄武岩質マグマが固まった地殻が融けて、安山岩質の大陸地殻を作った残りかすです。どれくらいの割合で融けると安山岩質マグマができるかは、実験で確かめました。そうすると、平均的な玄武岩と大陸地殻の組成は解っているのですから、あとは簡単な引き算で反大陸の組成を求めることができます。

もちろん三つのマントル成分の特性も正確に決めてやらねばなりません。私たちは先ほどの四つのホットスポット火山へサンプリングに出かけて、合計400個以上の岩石を集めてきました。サモアやクック・オーストラル諸島は比較的簡単に行けるのですが、ピトケアンとセントヘレナはたどり着くまでが結構大変です。持ち帰った岩石は、できる限り正確に、そしてできるだけ多くの化学成分の分析を行いました。

これらの結果とっても面白いことが解ってきました。やっぱり、サブファクの廃棄

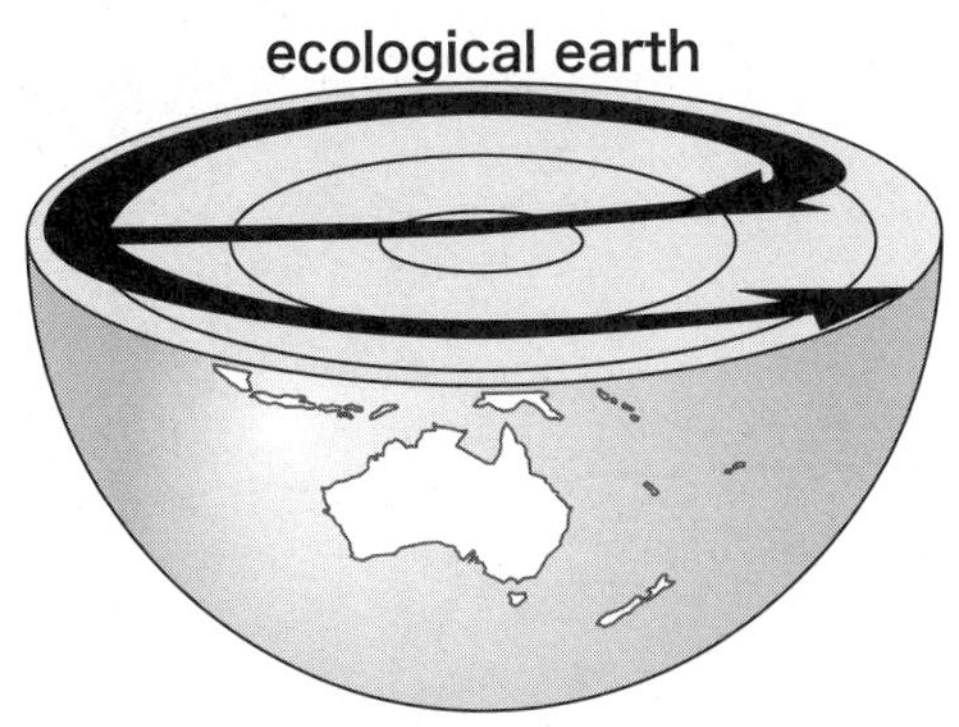

図7-4　エコな地球
サブファク廃棄物をマントルの底に不法投棄すること無く、全てホットスポットでリサイクルする地球。私たちの地球はなんとエコなのでしょうか。

物は、マントルの底に蓄えられて熟成された後、ホットスポットマグマの原料としてリサイクルされていたのです。しかも、放射壊変時計を巧く使ってやると、どれくらい長い間熟成されているのかも、ある程度推定することができました。

まとめておきましょう。海洋地殻と堆積物の搾りかすは約20億年と10～20億年、そして反大陸は約30億年熟成されて、それぞれ「成分A」「成分B」「成分C」としてリサイクルされているのです。ここで、20億年というのはプレートテクトニクスが始まった年代である38億年前と「今」の平均年代におおよそ相当しています。プレートテクトニクスが始まってから今まで海洋地殻がマントルの底に蓄え続けられているのですから、底から上がってくる成分は、平均的な熟成期間を示すはずです。また30億年というのは集中的に大陸地殻が作られた年代にほぼ当たります。つじつまは合うではありませんか。

地球はその誕生から46億年。いろんな大変動を経験して現在の姿になってきました。そんな中で地球は、サブファクで大陸を作り出し、そしてその廃棄物をじっくり熟成した上で、ホットスポットへとリサイクルしてきたのです。一見マントルの底へ不法投棄しているかのように思えたのですが、実は完全に「ゼロ・エミッション」でリサイクルしていたのです。地球って、なんてエコな存在なのでしょう（図7－4）。

エピローグ

生命あふれる惑星地球、そして千山万水の日本列島。これらの今の姿が、大変な大事件を幾度となく経験してきた結果、創り上げられてきたものであることを、少しは解って頂けたでしょうか？

古来、世界一の変動帯に暮らしてきた日本人は大地の営みと深く関わりを持ってきました。原因も解らない大地震が起きた時には、今で言う所の液状化現象で噴き上がった砂の上に壺や瓶をおいて祈りをささげたようです。また、多くの火山は神奈備として畏敬とともに感謝の対象となってきました。私は、このような日本人のＤＮＡの中には、地震や火山など、日本列島で起きて来た大変動の記憶が刻み込まれているはずだと思うのです。

ただ今の私たちは、日常のあまりにも強い刺激の中で、このような記憶が埋没してしまっているような気がしてなりません。この本を読んだ読者の皆さんが、こんな日本人としての記憶をちょっとでも蘇らせることができて、そしてそのことをこれからの生活にいろんな意味で役立たせてくだされば望外の喜びです。

私たちが暮らす地球は、太陽からの距離とその大きさのために原始大気を纏うことが許され、そのことで水惑星としての進化の道を歩み出しました。そしてこの水惑星ではプレートテクトニクスが作動し、生命が育まれてきました。もちろん地球の長い歴史の中では、想像を絶するような大事件も勃発しました。そんな大きな試練を乗り越えて生命は進化を続け、私たち人類も地球生命の仲間となったのです。

みなさんも「人新世」という単語をご存じでしょう。人類の活動が地球に大きな影響を与えるようになった地質時代を指します。大きな影響の例としては、地球温暖化などの気候変動、生物多様性の縮小、化石燃料の燃焼や核実験による堆積物の変化などがあります。これらの人工的な変化は、本来地球が持っている制御機能を狂わしてしまう可能性もあります。そうであるならば、現在は46億年の地球史にあって最大の試練の時であることになります。

私たち「地球人」は、このような試練をなんとか乗り越えていかねばならないわけですが、自然を支配の対象と見ることに慣れた人が多い現状では、なかなか物事は進まないようです。私はこんな時こそ、これまで多くの地球からの試練に耐えて生き抜いてきた「変動帯の民」の感性が必要ではないかと思うのです。その意味でも、私たち日本人のDNAに刻まれた記憶を蘇らせて、行動することが重要だと感じます。

最後になりましたが、KADOKAWAの宮川友里さんには本書の文庫化を勧めていただき、また内容や文章についてもたくさん助けていただきました。ありがとうございました。

２０２４年６月

巽　好幸

本書は２０１１年12月に河出書房新社より刊行された『いちばんやさしい地球変動の話』を改題し、加筆修正の上、文庫化したものです。

地球は生きている
地震と火山の科学

巽 好幸

令和6年 6月25日 初版発行

発行者●山下直久

発行●株式会社KADOKAWA
〒102-8177 東京都千代田区富士見2-13-3
電話 0570-002-301（ナビダイヤル）

角川文庫 24215

印刷所●株式会社暁印刷
製本所●本間製本株式会社

表紙画●和田三造

◎本書の無断複製（コピー、スキャン、デジタル化等）並びに無断複製物の譲渡および配信は、著作権法上での例外を除き禁じられています。また、本書を代行業者等の第三者に依頼して複製する行為は、たとえ個人や家庭内での利用であっても一切認められておりません。
◎定価はカバーに表示してあります。

●お問い合わせ
https://www.kadokawa.co.jp/（「お問い合わせ」へお進みください）
※内容によっては、お答えできない場合があります。
※サポートは日本国内のみとさせていただきます。
※Japanese text only

©Yoshiyuki Tatsumi 2011, 2024 Printed in Japan

ISBN 978-4-04-400825-3 C0144

◇◇◇

角川文庫発刊に際して

角川源義

第二次世界大戦の敗北は、軍事力の敗北であった以上に、私たちの若い文化力の敗退であった。私たちの文化が戦争に対して如何に無力であり、単なるあだ花に過ぎなかったかを、私たちは身を以て体験し痛感した。西洋近代文化の摂取にとって、明治以後八十年の歳月は決して短かすぎたとは言えない。にもかかわらず、近代文化の伝統を確立し、自由な批判と柔軟な良識に富む文化層として自らを形成することに私たちは失敗して来た。そしてこれは、各層への文化の普及滲透を任務とする出版人の責任でもあった。

一九四五年以来、私たちは再び振出しに戻り、第一歩から踏み出すことを余儀なくされた。これは大きな不幸ではあるが、反面、これまでの混沌・未熟・歪曲の中にあった我が国の文化に秩序と確たる基礎を齎らすためには絶好の機会でもある。角川書店は、このような祖国の文化的危機にあたり、微力をも顧みず再建の礎石たるべき抱負と決意とをもって出発したが、ここに創立以来の念願を果すべく角川文庫を発刊する。これまで刊行されたあらゆる全集叢書文庫類の長所と短所とを検討し、古今東西の不朽の典籍を、良心的編集のもとに、廉価に、そして書架にふさわしい美本として、多くのひとびとに提供しようとする。しかし私たちは徒らに百科全書的な知識のジレッタントを作ることを目的とせず、あくまで祖国の文化に秩序と再建への道を示し、この文庫を角川書店の栄ある事業として、今後永久に継続発展せしめ、学芸と教養との殿堂として大成せんことを期したい。多くの読書子の愛情ある忠言と支持とによって、この希望と抱負とを完遂せしめられんことを願う。

一九四九年五月三日

角川ソフィア文庫ベストセラー

植物の形には意味がある　園池公毅

葉や枝や根、花や果実がなぜその形をしているのか、豊富な図版とともに基礎から解説。形と機能のつながりを知ることで身近な植物とのふれあいをもっと楽しめるようになる、観察から始める植物学入門。

カビの取扱説明書　浜田信夫

暗い、汚い、カビ臭い――。陰気なイメージのカビが、美食界では大ブーム！　レストランで著者が見たものとは……？　ほかスマホや文化財に生えるカビなど、意外な一面に驚きつつ、かしこい付き合い方がわかる！

ブラックホール
暗黒の天体をのぞいてみたら　大須賀　健

2019年、人類が初めてその姿を目にしたブラックホール。どうやってできたのか。宇宙を吸い尽くしたらどうなるのか。不思議な天体を、イラストを用いてやさしく紹介。単行本を全面改稿した最新版。

お皿の上の生物学　小倉明彦

新入生の五月病を吹き飛ばした人気講義。酸味を甘味に変える不思議な物質の話から、クリスマスにケーキを食べる理由まで。身近な料理・食材をもとに、科学の話題から、食の文化・歴史も解き明かす。

数式を使わない物理学入門
アインシュタイン以後の自然探検　猪木正文
監修／大須賀　健

何億光年先の宇宙で何が起きているのか。1兆分の1ミリの世界はどうなっているのか。物理学が明らかにした想像を超えた不思議な世界を楽しく紹介。現代の物理学者による注釈を加え、装い新たに刊行！

角川ソフィア文庫ベストセラー

自然のしくみがわかる地理学入門　水野一晴

新宿に高層ビルが密集する、北海道と本州で生息する動物が異なる、高尾山の植物種数はフィンランドより多い……これらは全て「氷河」のせいなんです。身近な疑問から地球の不思議に触れる、エキサイティングな地理学入門！

人間の営みがわかる地理学入門　水野一晴

バナナはなぜ安いのか？　日本語のルーツはどこか？　エルサレムはなぜ三つの宗教の聖地になっているのか？　世界の人々の暮らしが地理的環境とどのように結びついているのかを解き明かす地理学入門。

波紋と螺旋とフィボナッチ　近藤　滋

カメの甲羅の成長、シマウマの縞模様、ヒマワリや巻き貝などいたるところで見られるフィボナッチ数……生き物の形には数理が潜んでいた！　発生学を専門とする生物学者が不思議な関係をやさしく楽しく紹介。

科学する心　池澤夏樹

科学は知識ではない。五感をもって自然に向き合う姿勢なのだ——。浅瀬の生き物、料理、昆虫、宇宙から、進化論、人工知能まで。科学エッセイ一二編に書き下ろし一編を追加して文庫化。解説・中村桂子。

雪と人生　中谷宇吉郎

雪の結晶の研究で足跡を残した中谷宇吉郎は、寺田寅彦と並ぶ名随筆家として知られている。科学的な見方とはどのようなものかを説いた作品を厳選。「雪を作る話」「天地創造の話」など17篇収録。解説・佐倉統。